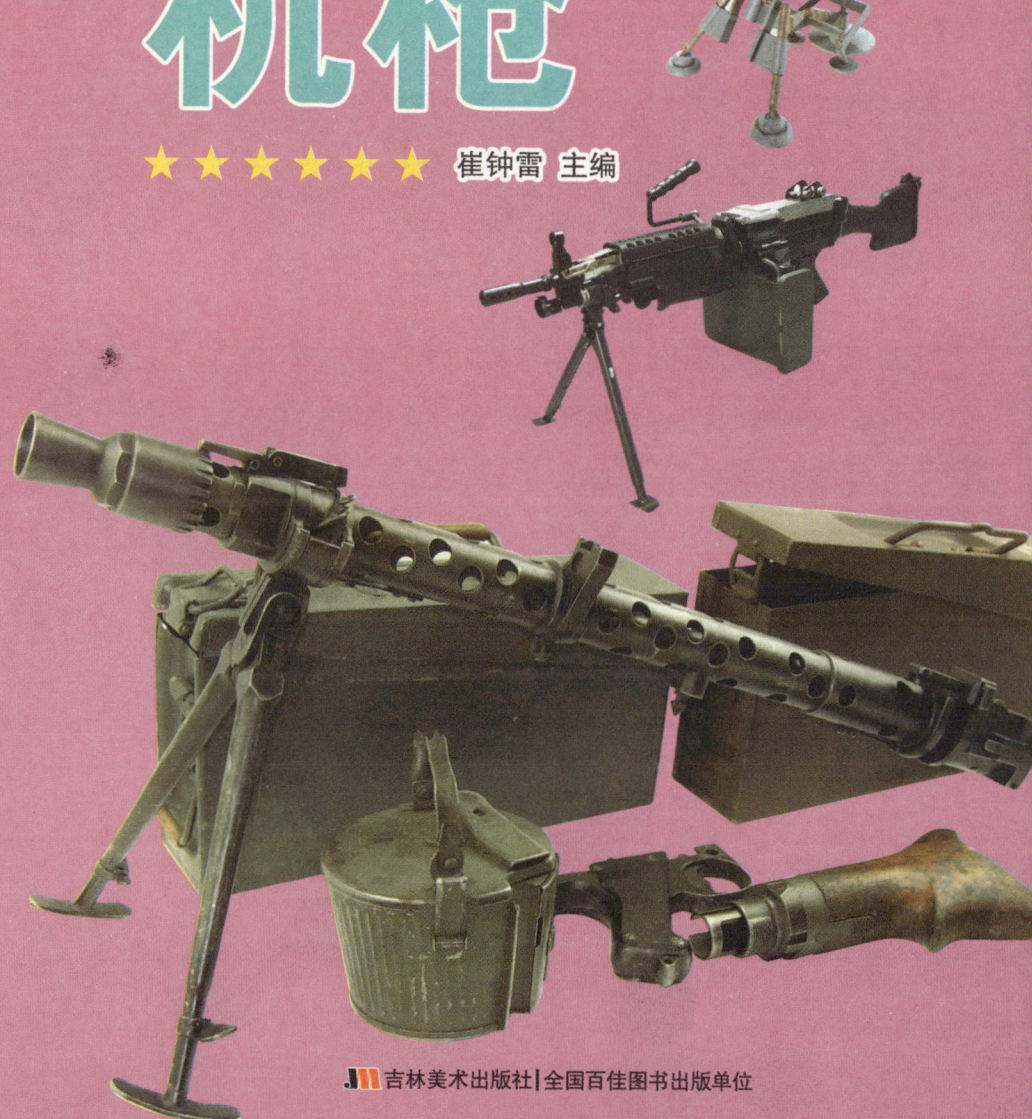

解密经典兵器

无敌守护——
机枪

★★★★★★ 崔钟雷 主编

吉林美术出版社 全国百佳图书出版单位

前言
QIAN YAN

　　世界上每一个人都知道兵器的巨大影响力。战争年代,它们是冲锋陷阵的勇士;和平年代,它们是巩固国防的英雄。而在很多小军迷的心中,兵器是永恒的话题,他们都希望自己能成为兵器的小行家。

　　为了让更多的孩子了解兵器知识,我们精心编辑了这套《解密经典兵器》丛书,通过精美的图片为小读者还原兵器的真实面貌,同时以轻松而严谨的文字让小读者在快乐的阅读中掌握兵器常识。

编　者

目录 MULU

第一章 轻机枪

- 8　美国 M1941 轻机枪
- 10　美国 斯通纳 63 轻机枪
- 12　美国 M249 轻机枪
- 14　苏联 DP 轻机枪
- 16　苏联 RPK-74 轻机枪
- 18　苏联 RPD 轻机枪
- 20　德国 MG4 轻机枪
- 22　德国 HK23/HK13 轻机枪
- 24　比利时 Mk46 MOD0 轻机枪
- 28　比利时 Mk48 MOD0 轻机枪
- 30　英国 布伦式轻机枪

34	英国 刘易斯式轻机枪
36	英国 L86A1 轻机枪
38	新加坡 阿尔蒂马克斯 100 式轻机枪
40	奥地利 AUG-HBAR 轻机枪

第二章 重机枪

44	美国 XM214 重机枪
48	美国 XM312 重机枪
52	美国 M134 重机枪
54	美国 马克沁重机枪
58	美国 加特林重机枪
60	美国 M1917 重机枪
62	美国 M1919A4 重机枪
64	美国 M1919A6 重机枪
66	美国 M2 重机枪
70	美国 M2HB 重机枪
74	苏联 NSV 重机枪

76 苏联 SG43 重机枪
78 苏联 M1910 重机枪
80 苏联 DShK 重机枪
82 法国 M1914 重机枪

第三章 通用机枪

86 美国 M60 通用机枪
90 美国 M240 通用机枪
95 苏联 PK/PKM 系列通用机枪
98 俄罗斯 PKP 通用机枪
102 德国 MG34 通用机枪
104 德国 MG42 通用机枪
107 德国 MG3 通用机枪
108 德国 HK21 通用机枪
110 比利时 MAG 通用机枪

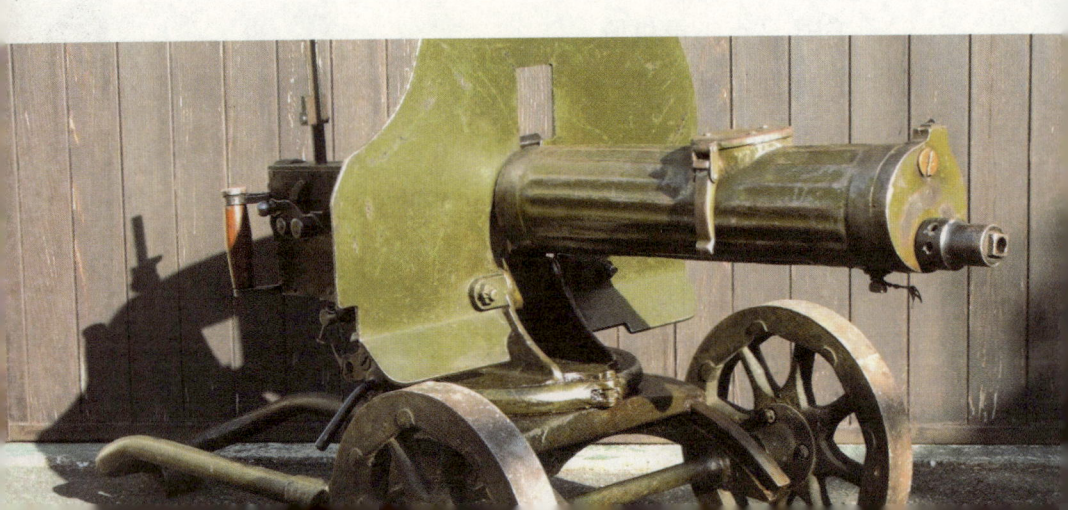

第一章
轻机枪

解密经典兵器

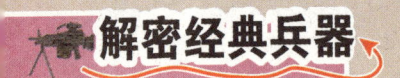

美国 M1941 轻机枪

大器晚成

M1941 轻机枪的性能不错，但美国陆军对 M1941 轻机枪不够重视，正式评审一直延期到 1942 年下半年才进行。第二次世界大战期间，美国海军陆战队自动武器不足的问题更加严重。于是，美国海军陆战队决定采用 M1941 轻机枪作为海军陆战队伞兵部队的制式兵器。

机密档案

- 型号：M1941
- 口径：7.62 毫米
- 枪长：1 156 毫米
- 枪重：4.3 千克
- 弹容：弹匣 20 发
- 理论射速：500 发/分

无敌守护——机枪

综合性能

M1941轻机枪并不是伞兵部队装备的最优秀武器，但M1941轻机枪射击性能很好，而且方便携带。美国陆军第一特种作战军团看重了该枪的便携性，从海军陆战队取得并使用的M1941轻机枪总数达147挺。

衍生型号

继M1941轻机枪后，其衍生型号也陆续出现在战场上，最著名的就是M1944轻机枪。第二次世界大战结束后，M1941轻机枪的衍生型号依然活跃在世界各国的军队中。

解密经典兵器

美国 斯通纳 63 轻机枪

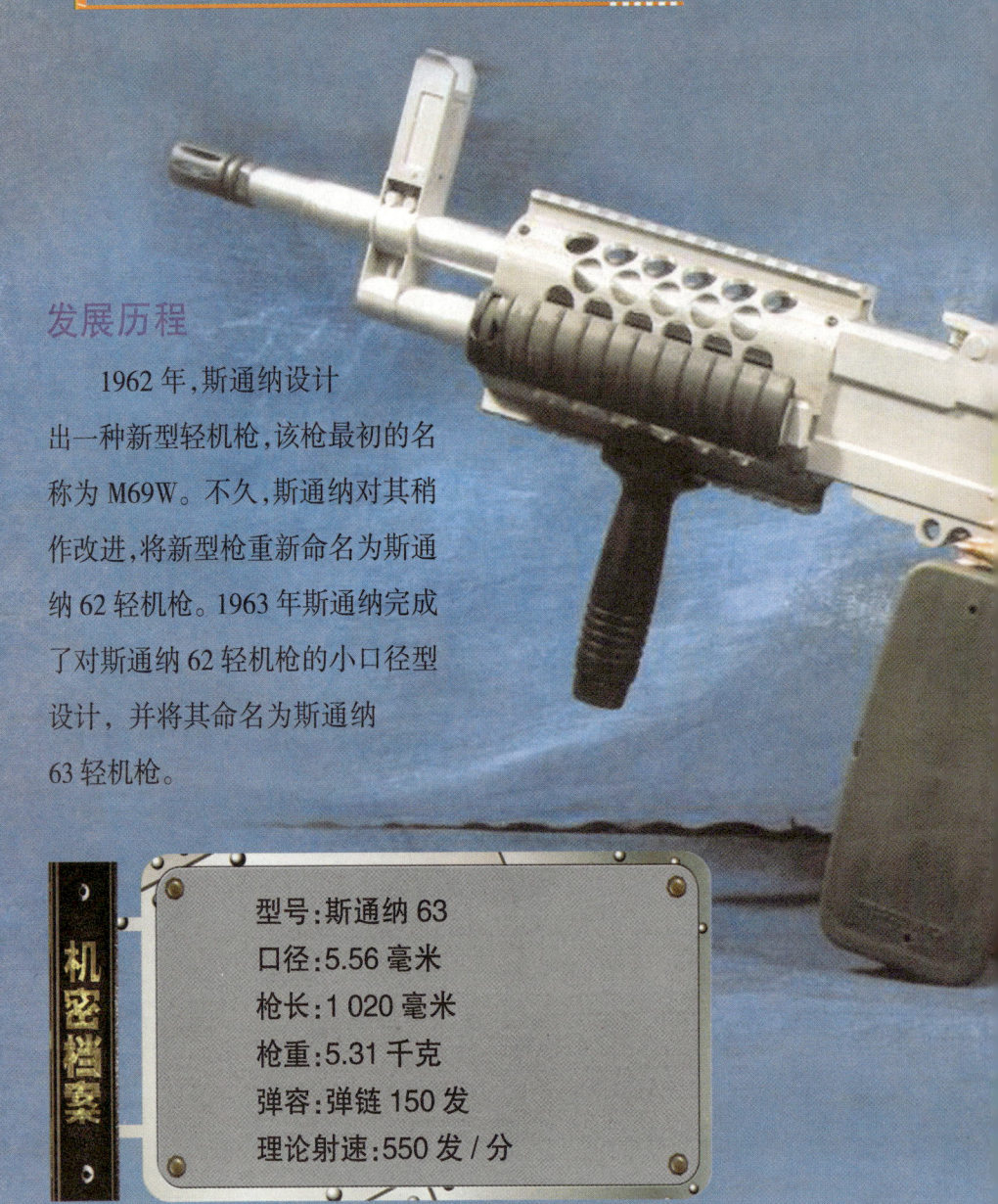

发展历程

1962年，斯通纳设计出一种新型轻机枪，该枪最初的名称为M69W。不久，斯通纳对其稍作改进，将新型枪重新命名为斯通纳62轻机枪。1963年斯通纳完成了对斯通纳62轻机枪的小口径型设计，并将其命名为斯通纳63轻机枪。

机密档案

型号：斯通纳63

口径：5.56毫米

枪长：1 020毫米

枪重：5.31千克

弹容：弹链150发

理论射速：550发/分

系列产品

斯通纳63系列是凯迪拉克公司研制的一种通用武器系统,衍生出了多种型号。其中包括卡宾枪、突击步枪,以及供弹方式不同的轻机枪等。斯通纳63系列产品可通过快速更换枪管在不同型号之间转换,通用性极强。

设计思想

斯通纳63轻机枪的设计思想是为野战部队提供一种可根据战场变化作出改变的全能武器,但在当时,这种设计思想受到了质疑。因为在战场上改装枪型不是一件容易的事情,而且这种通用武器系统成本较高,结构复杂,因此,很多人对装备这种全系列的武器系统持有强烈的反对意见。

解密经典兵器

美国 M249 轻机枪

班用自动武器

M249 轻机枪是以比利时 FN 米尼米机枪为原型研制成功的,又称为班用自动武器,是一种小口径、高射速的轻机枪。1982 年 2 月 1 日,该枪正式装备美军,目前,已有 30 多个国家采用 M249 轻机枪。

科普课堂

M249 轻机枪的故障率低,可通过调节导气管直径来改变导气量以保持射击稳定。此外,由于它采用的是两用供弹系统,所以即使原有弹链用尽,也可以换装 M16 突击步枪的 30 发弹匣或特制的 M249 机枪 100 发弹鼓继续射击。

战术配件

　　M249 轻机枪装备有折合式两脚架，也可使用固定的 M2 三脚架。其枪托和枪管可选择更换，改进或升级后的 M249 轻机枪还可以通过导轨加装其他装备，如激光指示器、瞄准镜等战术配件。

机密档案

型号：M249
口径：5.56 毫米
枪长：1 040 毫米
枪重：6.85 千克
弹容：弹鼓 100 发 / 弹匣 30 发
理论射速：750 发 / 分

解密经典兵器

苏联 DP 轻机枪

发展历程

1926年,苏联工兵中将瓦西里·捷格加廖夫设计出一种结构独特的轻机枪。该枪于1927年设计定型并开始制造,1928年正式装备军队。军队称其为DP轻机枪,国际上一般称它为捷格加廖夫轻机枪。

你知道吗?

DP轻机枪结构简单,整个机枪仅有65个零件。其制造工艺简单,适合大批量生产,而且枪的机构动作可靠。

无敌守护——机枪

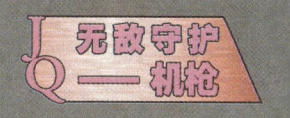

结构特点

　　DP 轻机枪的枪管与机匣采用固定式连接，不能随时更换。其枪管下方有活塞筒，筒中有活塞和复进簧。枪身的前下方设有两脚架。该枪瞄准具由柱形准星和"V"形缺口照门、弧形表尺组成。

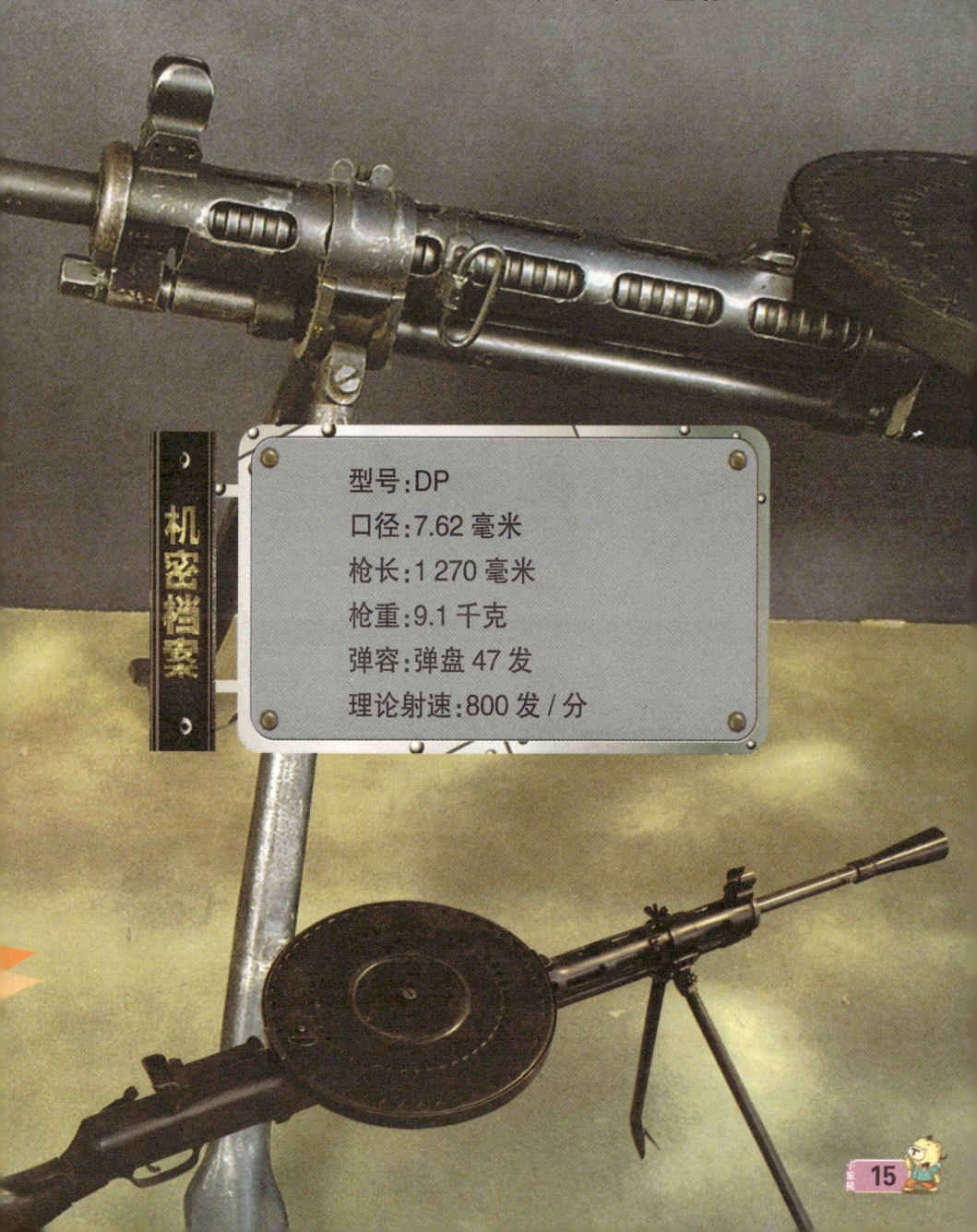

机密档案

型号：DP

口径：7.62 毫米

枪长：1 270 毫米

枪重：9.1 千克

弹容：弹盘 47 发

理论射速：800 发/分

解密经典兵器

苏联 RPK-74 轻机枪

结构特点

RPK-74 轻机枪大部分结构与 AK74 突击步枪相同,弹匣采用容弹量为 45 发的长弹匣,但仍可与原来的 30 发弹匣通用。该机枪前端设有带半保护罩的准星,后面有可调节高低、方向的缺口式照门。

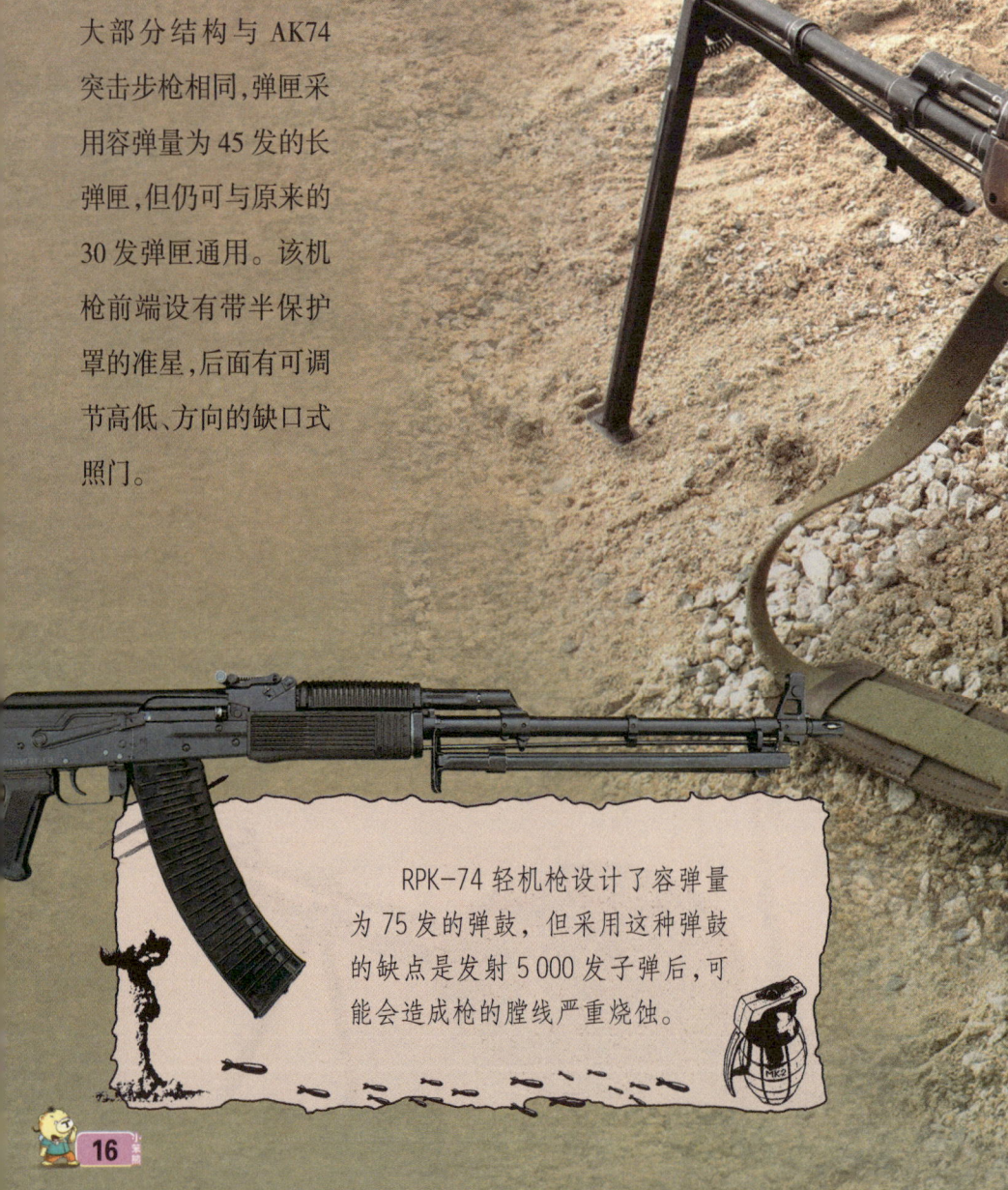

RPK-74 轻机枪设计了容弹量为 75 发的弹鼓,但采用这种弹鼓的缺点是发射 5 000 发子弹后,可能会造成枪的膛线严重烧蚀。

无敌守护——机枪

机密档案

型号：RPK-74

口径：5.45 毫米

枪长：1 060 毫米

枪重：5.15 千克

弹容：弹匣 45 发 / 弹鼓 75 发

理论射速：600 发 / 分

性能特点

相对于 AK74 突击步枪，RPK-74 轻机枪的枪管更长、更重，其弹头初速高达 960 米 / 秒。另外，RPK-74 轻机枪还有加强的机匣和可调风偏的照门及一个轻型两脚架。除此之外，RPK-74 轻机枪的消焰器也不同于 AK74 突击步枪，其形状类似于美国 M16 突击步枪的消焰器。

解密经典兵器

苏联 RPD 轻机枪

工作原理

RPD 轻机枪采用导气式工作原理,其闭锁机构是在 DP 轻机枪的基础上改进而成的,属于中间零件型闭锁卡铁撑开式。这种闭锁机构是借助枪机框击铁的闭锁斜面撞开闭锁片实现闭锁的。

设计特点

RPD 轻机枪的枪管是固定的,经过长时间连发射击后,枪管会因过热而产生"自爆"。RPD 轻机枪上有三个气体调节器,可根据该枪使用情况调节气体压力。

无敌守护——机枪

供弹方式

RPD 轻机枪采用弹链供弹的方式。弹链装在弹链盒或弹鼓内，弹链盒挂在机枪的下方，弹鼓插到机匣下方的一个导槽里。

机密档案

型号：RPD
口径：7.62 毫米
枪长：1 037 毫米
枪重：7.1 千克
弹容：弹链 50 发
理论射速：700 发/分

解密经典兵器

德国 MG4 轻机枪

工作原理

MG4 轻机枪采用导气回转式枪机,枪托亦可折叠,但弹壳在机匣底部排出。MG4 轻机枪的导气装置位于枪管下方,枪管可以快速拆卸和更换。MG4 轻机枪的供弹方式为弹链供弹,弹链可装在塑料弹箱中随枪携带。弹链从左向右送入机匣,而空弹壳则通过机匣底部的抛壳口抛出。

美中不足

MG4 轻机枪是 HK 公司推出的一款轻机枪。作为机枪,最重要的是火力和形成一定的散布范围,但 MG4 轻机枪的结构过于精密,超过了使用者对其精度的要求,而且子弹射出后没有形成一定的散布范围。

无敌守护——机枪

机密档案

型号：MG4

口径：5.56 毫米

枪长：1 030 毫米

枪重：7.9 千克

弹容：弹链 100 发

理论射速：800 发/分

设计特点

MG4 轻机枪配有可折叠的两脚架，并且枪身上有轻型三脚架和车载射架接口。其塑料枪托可向左折叠，折叠后不影响机枪操作。MG4 轻机枪的机匣顶部有皮卡汀尼导轨，机械瞄准具的照门座安装在导轨上，准星位于枪管上，不用时可向下折叠。

解密经典兵器

德国 HK23/HK13 轻机枪

HK23 的诞生

20 世纪 70 年代，美国军方正在寻求一种新的 5.56 毫米口径班用轻机枪，于是 HK 公司推出了 HK21A1 轻机枪，但该枪最终惜败于 FN 公司的 M249 轻机枪。在此之后，HK 公司对 HK21A1 轻机枪进行了改进，并将其命名为 HK23 轻机枪。

供弹方式

HK23 轻机枪采用弹链供弹。弹链可以放置在一个长方形弹箱内并挂在枪身下，也可以通过安装弹匣适配器使用步枪弹匣。

HK13 轻机枪

　　HK13 轻机枪是 HK23 轻机枪的改进型。该枪在外形上基本和 HK33 步枪相近，动作原理完全相同。HK13 轻机枪采用半自由枪机式工作原理和滚柱式闭锁方式，可单、连发射击。该机枪现主要装备于东南亚国家。

机密档案

型号：HK23
口径：5.56 毫米
枪长：1 030 毫米
枪重：8.7 千克
弹容：弹链 100 发
理论射速：700 发 / 分

解密经典兵器

比利时 Mk46 MOD0 轻机枪

定型装备

2001 年，经过改进后的 M24 SPW 被正式更名为 Mk46 MOD0。Mk 即 Mark，由于此枪是海军定型的，因此名称以 Mk 开头；MOD0 即 0 型的意思。它是美国常规陆军和海军陆战队的常规装备。另外，该机枪也装备美国特种部队。

无敌守护——机枪

性能特点

除枪机和枪机框外，Mk46 MOD0轻机枪的大多数内部零件与M249轻机枪完全相同。Mk46 MOD0轻机枪的枪机和枪机框表面进行了化学镀镍处理，在不涂润滑油的情况下可以连续发射1 000发子弹。

解密经典兵器

多项改进

与 W24 SPW 相比，Mk46 MOD0 轻机枪使用一种新式轻型枪管，使整体重量随之减轻。该枪还去掉了提把组件、弹匣槽和车载时所需的突榫。Mk46 MOD0 轻机枪在外观上最明显的改进之处是枪管上方的隔热罩顶部有一段导轨。此外，Mk46 MOD0 轻机枪还装有激光指示器和闪光灯。

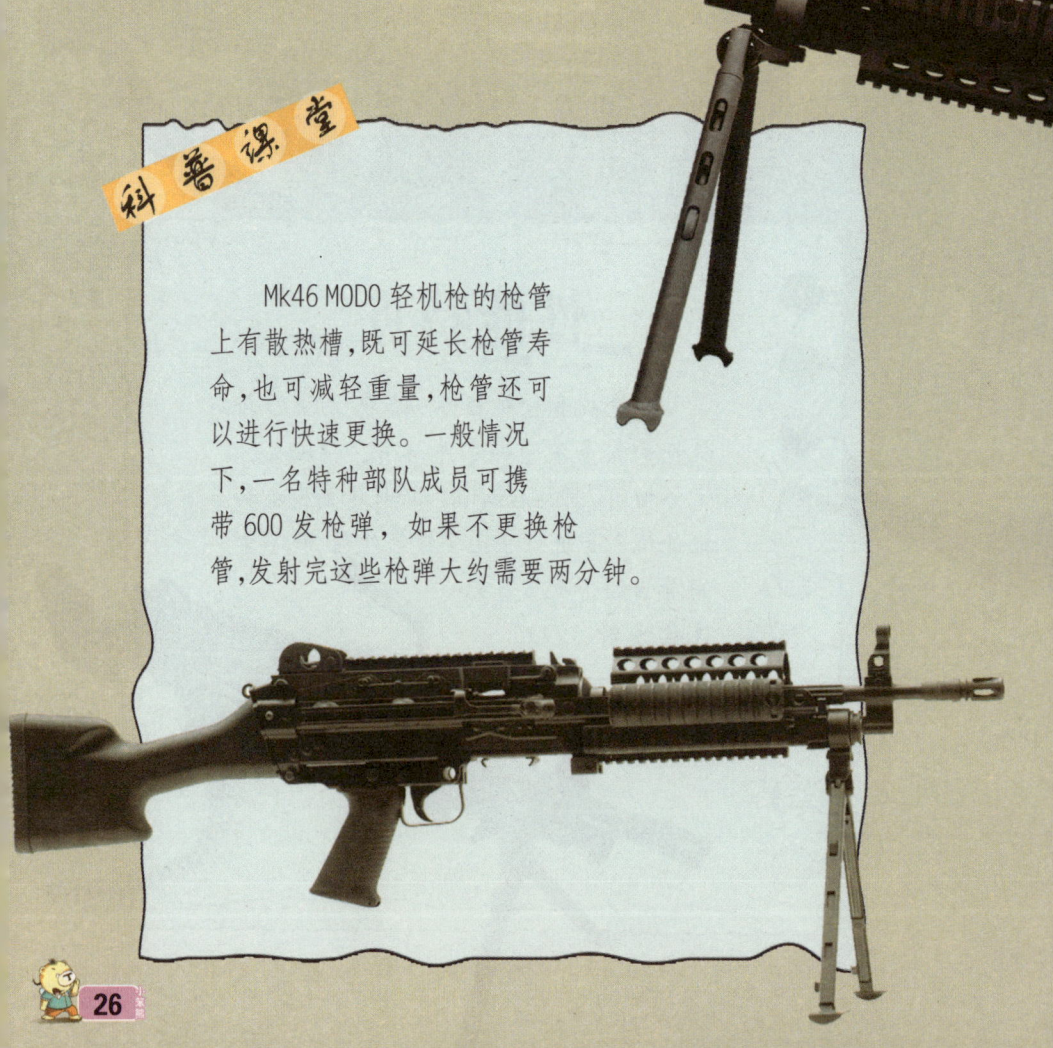

科普课堂

Mk46 MOD0 轻机枪的枪管上有散热槽，既可延长枪管寿命，也可减轻重量，枪管还可以进行快速更换。一般情况下，一名特种部队成员可携带 600 发枪弹，如果不更换枪管，发射完这些枪弹大约需要两分钟。

无敌守护——机枪

机密档案

型号:Mk46 MOD0

口径:5.56 毫米

枪长:908 毫米

枪重:5.75 千克

弹容:弹链 100 发 /200 发

理论射速:750 发 / 分

解密经典兵器

比利时 Mk48 MOD0 轻机枪

研发背景

根据美国海军特种部队在 2001 年提出的一项名为 LWMG 的轻武器计划要求，美国海军水面战中心与 FNMI 签订合同，由 FNMI 将 5.56 毫米口径的 Mk46 MOD0 轻机枪放大成 7.62 毫米口径的轻机枪。改进后的枪就是 Mk48 MOD0 轻机枪。

改进升级

Mk48 MOD0 轻机枪能配备各种不同的瞄准具和 SOPMOD 全部配件，而且 Mk48 MOD0 轻机枪的专用消声器也在研发中。

无敌守护——机枪

机密档案

型号：Mk48 MOD0
口径：7.62 毫米
枪长：1 003 毫米
枪重：8.17 千克
弹容：弹链 100 发
理论射速：750 发 / 分

结构特点

　　Mk48 MOD0 轻机枪有坚固的塑料枪托，可折叠的整体式两脚架和枪背带。该枪枪管可以快速更换，并有一个提把用于卸下灼热的枪管。Mk48 MOD0 轻机枪有机械瞄具，并有 5 个皮卡汀尼导轨，可安装多种瞄准具和其他战术附件。

解密经典兵器

英国 布伦式轻机枪

辉煌历史

布伦式轻机枪于1935年被正式列装为英国制式装备,由恩菲尔德兵工厂制造,于1938年投产。布伦式轻机枪在第二次世界大战中大量装备英联邦国家军队,因其性能出色,第二次世界大战结束后,众多英联邦国家军队继续装备布伦式轻机枪。

工作原理

布伦式轻机枪同ZB26轻机枪一样采用导气式工作原理、枪机偏转式闭锁方式,即将枪机尾端上抬卡入机匣的闭锁槽实现闭锁。

无敌守护——机枪

解密经典兵器

结构特点

布伦式轻机枪是由 ZB26 轻机枪改进而成的。与 ZB26 轻机枪最明显的区别是，该枪缩短了枪管与导气管，取消了枪管散热片。布伦式轻机枪采用两脚架，也可以架在三脚架上以提高射击稳定性。

科普课堂

布伦式轻机枪采用可折叠拉机柄，在行军状态时将拉机柄折回，这样可以避免该枪在行进中被扯挂。布伦式轻机枪的弹匣位于机匣上方，从下方抛壳，为弧形弹匣，这主要是为了适应英国军队使用有底缘步枪弹的要求。

无敌守护——机枪

机密档案

型号：布伦式

口径：7.6 毫米

枪长：1 156 毫米

枪重：10.4 千克

弹容：弹匣 30 发

理论射速：500 发/分

解密经典兵器

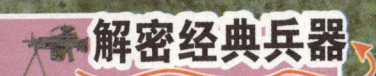

英国 刘易斯式轻机枪

诞生

刘易斯式轻机枪最初由塞缪尔·麦肯林设计,后来美国陆军上校刘易斯完成了该枪的研发工作。刘易斯向美国军方推销这种设计新颖的机枪,但美军对此毫无兴趣。随着第一次世界大战的爆发,刘易斯带着他的设计来到英国。在英国伯明翰轻武器公司的工厂里开始生产刘易斯式轻机枪。

机密档案

型号:刘易斯式
口径:7.62毫米
枪长:1 283毫米
枪重:11.8千克
弹容:弹匣47发 / 弹鼓97发
理论射速:500发 / 分

无敌守护——机枪

优点

刘易斯式轻机枪设计新颖，体积小，质量轻，方便携带，机动性强，能够适应多种作战环境。除英国外，还有许多国家装备该枪。

航空机枪

刘易斯式轻机枪是最早的航空机枪之一，很多飞机上的观察员和机枪手都以其作为标准武器。刘易斯式轻机枪采用铁铲柄式把手，以方便在飞机上射击目标。

解密经典兵器

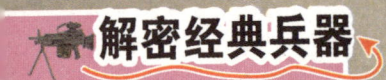

英国 L86A1 轻机枪

轻型支援武器

L86A1 轻机枪又叫 LSW 轻机枪,由英国皇家兵工厂研制,是 SA80 枪族中的一员。1985 年 10 月 2 日,L86A1 轻机枪正式装备英国陆军,每个步兵班装备 2 挺。该枪被称为轻型支援武器。

工作原理

L86A1 轻机枪采用导气式工作原理、枪机回转闭锁方式。导气系统属活塞短行程结构,由活塞、活塞杆和导气节套等组成。活塞调节孔有两个尺寸可供选择。

无敌守护——机枪

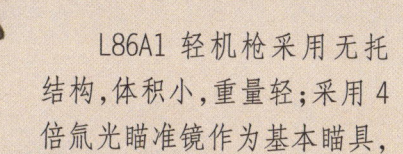

L86A1轻机枪采用无托结构,体积小,重量轻;采用4倍氖光瞄准镜作为基本瞄具,完全密封,结构牢固,能在晴好天气提高40%的命中精度。L86A1轻机枪除了有两脚架和后握把外,在枪托底板上还有一个肩膀固定夹,以增加连续射击时的稳定性。

机密档案

型号:L86A1

口径:5.56毫米

枪长:900毫米

枪重:5.4千克

弹容:弹匣30发

理论射速:850发/分

解密经典兵器

新加坡 阿尔蒂马克斯 100 式轻机枪

结构特点

阿尔蒂马克斯 100 式轻机枪采用导气式工作原理和枪机回转式闭锁机构，使用弹鼓或弹匣供弹，可实施全自动射击。该枪可采用抵肩立姿或跪姿两种射击方式，还可配用两脚架进行射击。

机密档案

型号：阿尔蒂马克斯 100 式
口径：5.56 毫米
枪长：508 毫米
枪重：4.9 千克
弹容：弹鼓 60 发或 100 发
理论射速：400 发/分—600 发/分

无敌守护——机枪

设计特点

阿尔蒂马克斯100式轻机枪的机匣左侧有导轨,枪机框侧面有沟槽,可使其沿导轨运动。枪机系统的闭锁机构可有效地防止因射击准备不足或掉落等造成的意外。

性能优越

阿尔蒂马克斯100式轻机枪动作可靠、后坐力小、全自动射击时命中精度高,是一种性能优越的自动武器,也是目前世界上重量最轻的轻机枪之一。

解密经典兵器

奥地利 AUG-HBAR 轻机枪

基本情况

HBAR 意为重型枪管自动步枪,实际上充当轻机枪的角色,因此,AUG-HBAR 有时也被称为 AUG-LMG。AUG-HBAR 轻机枪于 1978 年首次亮相,20 世纪 80 年代初列装奥地利陆军。

性能出色

AUG-HBAR 轻机枪便于生产和维修,而且性能可靠,在射击精度、目标捕获和全自动射击的控制方面表现优秀。

无敌守护
——机枪

机密档案

型号：AUG-HBAR
口径：5.56毫米
枪长：900毫米
枪重：4.9千克
弹容：弹匣30发或42发
理论射速：600发/分

设计特点

　　AUG-HBAR轻机枪的枪管经冷锻成形，弹膛镀铬，机匣为铝制，压铸成形。AUG-HBAR轻机枪采用无托结构，全枪长度很短，并大量采用塑料件，加工工艺性好，耐腐蚀。

41

解密经典兵器

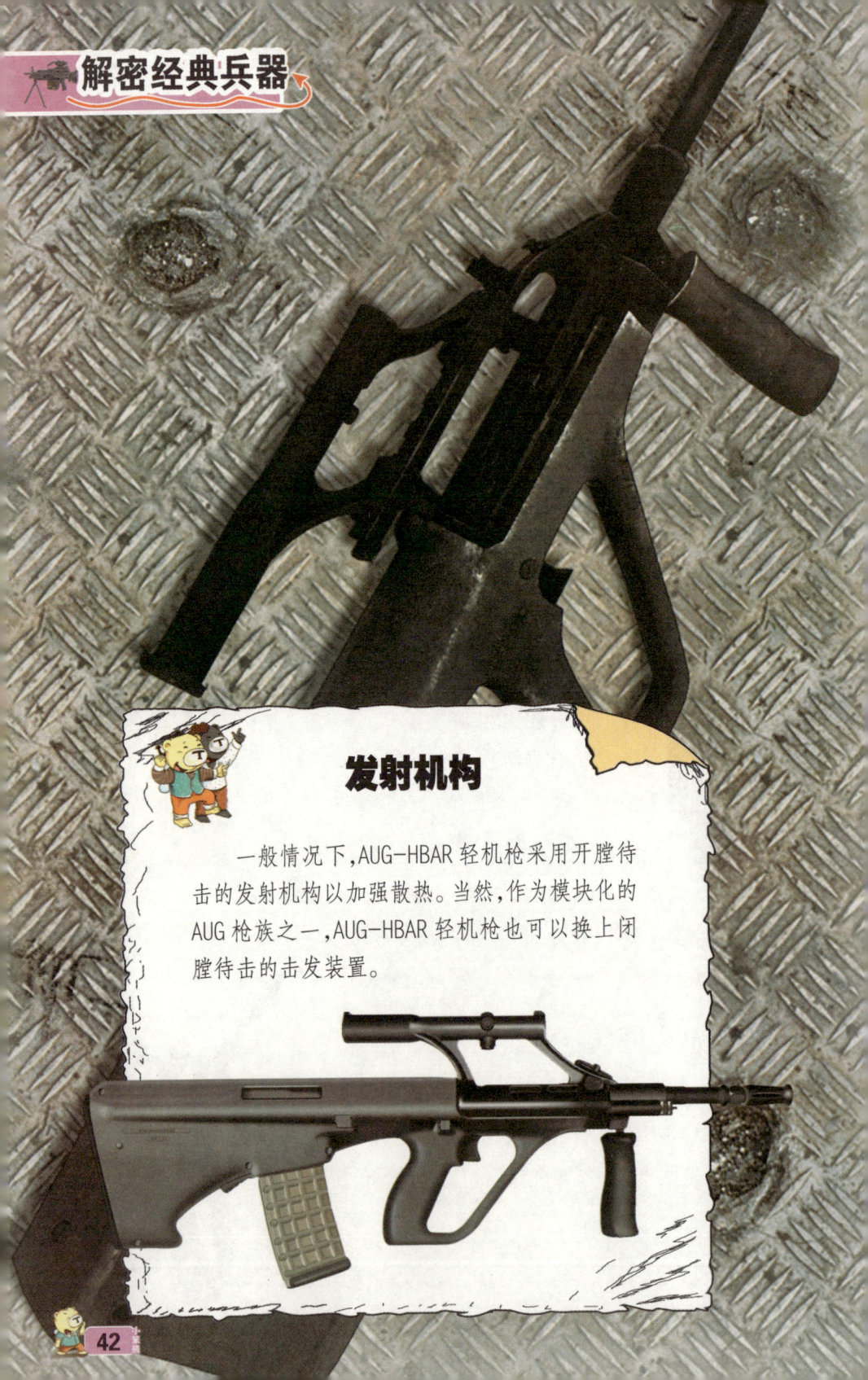

发射机构

一般情况下，AUG-HBAR轻机枪采用开膛待击的发射机构以加强散热。当然，作为模块化的AUG枪族之一，AUG-HBAR轻机枪也可以换上闭膛待击的击发装置。

第二章
重机枪

解密经典兵器

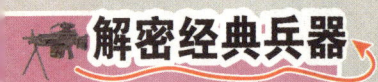

美国 XM214 重机枪

多种用途

XM214 重机枪是一种小口径转管机枪，该枪采用六根 5.56 毫米口径枪管。在实际使用中，有 400 发/分—4 000 发/分的发射速率供射手选择。XM214 重机枪可配用 M122 三角架作为地面机枪，也可装到车载或船载射架上，此种组合被称为 6-PAK。

机密档案

型号：XM214
口径：5.56 毫米
枪长：686 毫米
枪重：12.25 千克
弹容：弹链 500 发
理论射速：6 000 发/分

无敌守护——机枪

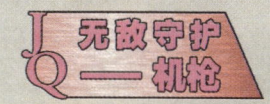

供弹系统

XM214 重机枪在 6-PAK 系统上，采用镍镉电池作为电源，每次充电后可发射 3 000 发枪弹。每组 6-PAK 系统的弹箱轨座上固定有两个弹箱，弹箱容弹量为 500 发，当第一个弹箱的枪弹打完之后，枪上有自动预告装置，以便射手及时使用第二个弹箱供弹。

解密经典兵器

设计特点

XM214重机枪的结构经过特殊设计：分解过程简化，不用工具即可取出枪机；增加了保险手柄，当置于"保险"位置时，枪无法射击；供弹机上增加了离合器装置，一旦松开电击发按钮，离合器立即使供弹机齿轮停止转动；另外，还增加了抛壳链轮。

无敌守护——机枪

科普课堂

　　XM214重机枪最初是作为机载武器被研制出来的，后来被改装成单兵武器系统，但一直没有大规模生产。目前，XM214重机枪很可能重新被启用，用途改为坦克或是装甲运兵车的近程防御武器系统。

解密经典兵器

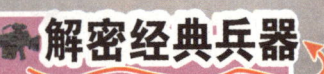

美国 XM312 重机枪

研制背景

XM312 重机枪是以 XM307 机枪为基础，通过更换枪管和其他几个部件制成的一种新型重机枪。XM312 重机枪主要用于取代在美军服役已久的勃朗宁 M2 重机枪。XM312 重机枪的设计主要是针对 M2 的缺点而作的改进。

"轻型重机枪"

　　XM312重机枪在武器分类中属重机枪,但与以往传统重机枪相比,该枪的重量大大降低,所以该枪得到了"轻型重机枪"的名称。不过,在步兵徒步作战中,XM312重机枪还是太大太重,不便于携带。

解密经典兵器

技术优势

XM312 重机枪的开发成本较低,因其与 XM307 机枪的零部件大部分通用,只有 5 个不同部件。当需要更换成 XM307 机枪的时候,部队甚至不需要重新采购,只要换上开发商提供的组件就可以把 XM312 重机枪转换成 XM307 机枪。

无敌守护——机枪

快速改装

根据不同战场的需要，XM312重机枪还可以迅速改装为榴弹发射器。XM312重机枪采用可散金属弹链，装填方向左右均可。

机密档案

型号：XM312

口径：12.7毫米

枪长：1 346毫米

枪重：13.6千克

弹容：弹链200发

战斗射速：40发/分

解密经典兵器

美国 M134 重机枪

用于实战

M134 重机枪是美国在越南战争期间研制的六管航空机枪。该枪主要装备于直升机，同时也可作为步兵的车载武器。它以射频高、威力大等优点很快被用于实战。

机密档案

型号：M134
口径：7.62 毫米
枪长：801.6 毫米
枪重：15.9 千克
弹容：弹链 500 发
理论射速：6 000 发/分

无敌守护——机枪

工作原理

M134重机枪采用机头回转闭锁方式，枪机两侧的凹槽分别与旋转体上的导轨扣合，旋转体转动时，曲线槽迫使枪机在旋转体上的导槽内作往复运动，最终完成装填、击发、抽壳等动作。

结构特点

M134重机枪的机匣为整体铸件，内表面为曲线槽。机匣内部可容纳一个前端装有6根枪管的旋转体，并有6个分别与枪管相对应的枪机。枪机由机头、机体、击针等组成。

解密经典兵器

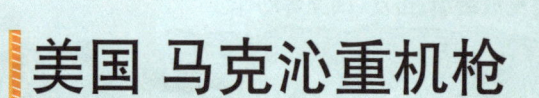

美国 马克沁重机枪

研制过程

　　马克沁重机枪是由美国工程师马克沁发明的。他从枪械的后坐原理着手,为武器的自动连续射击找到了理想的动力。1883年,世界上第一支自动步枪研制成功。马克沁根据从步枪上得来的经验,进一步发展并完善了枪管短后坐自动射击原理,研制出了马克沁重机枪。

　　马克沁重机枪可单发射击,也可点射,且射速极高,扣动扳机后可达到子弹喷涌的战术效果。

无敌守护——机枪

开创性

马克沁重机枪是世界上第一种真正成功利用火药燃气作为能源的自动武器。该枪不依靠任何外力推动,利用枪弹发射时火药气体产生的后坐力,通过特殊的曲肘式闭锁机构,以及枪管短后坐自动方式,完成开锁、退弹壳、传送子弹、重新闭锁等一系列动作。

55

解密经典兵器

结构特点

马克沁重机枪结构复杂，枪管为水冷式，较为笨重。为了满足快速发射的需要，马克沁重机枪采用了帆布弹带，弹带还有锁扣装置，可以连接更多子弹带。但帆布弹带受潮后的可靠性会大大降低。

无敌守护
——机枪

机密档案

型号:马克沁

口径:11.43 毫米

枪长:1 070 毫米

枪重:27.2 千克

弹容:弹链 333 发

理论射速:600 发/分

解密经典兵器

美国 加特林重机枪

工作原理

加特林重机枪通过摇动手把让枪管围绕轴心转动，使枪体产生猛烈的火力，用以对敌攻击。早期的加特林重机枪运用独立的手摇转柄，当各枪管依次旋转到"12点钟"位置时击发。改进后的加特林重机枪旋转能源来自电动机能量或弹药气体压力。

发展

加特林重机枪在近代仍有所发展。该枪以电子系统运作，并应用于战斗机及攻击机等大型军用飞机上，其口径也比早期的枪管口径大得多。如今，加特林机枪这一名词已成为运用加特林机枪工作原理运作的多管机枪及机炮的总称。

无敌守护——机枪

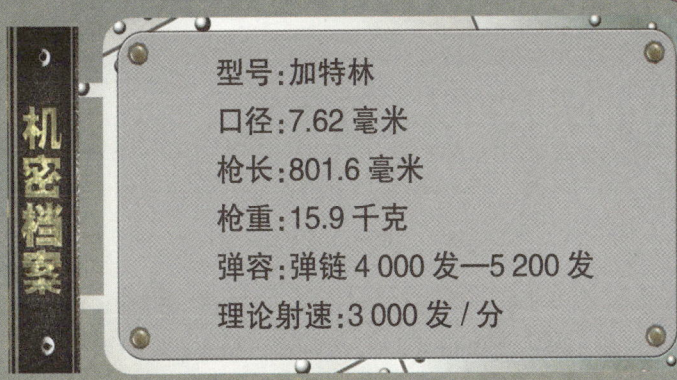

机密档案

型号：加特林
口径：7.62毫米
枪长：801.6毫米
枪重：15.9千克
弹容：弹链4 000发—5 200发
理论射速：3 000发/分

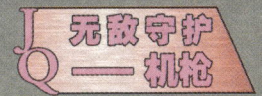

现代机枪的先驱

　　加特林重机枪是世界上第一支实用化的机枪，可以说是现代机枪的先驱。

解密经典兵器

美国 M1917 重机枪

设计特点

　　M1917 重机枪是由美国著名枪械设计师勃朗宁设计的一种水冷式重机枪。该枪采用枪管短后坐式工作原理、卡铁起落式闭锁机构；机匣为长方体结构，内部为自动机构组件，整体结构较为复杂。

无敌守护——机枪

衍生型号

M1917 重机枪还有多种衍生型号，如 M1919 系列机枪、M2 式勃朗宁大口径重机枪等。

机密档案

型号：M1917
口径：7.62 毫米
枪长：968 毫米
枪重：15 千克
弹容：弹链 250 发
理论射速：450 发 / 分—600 发 / 分

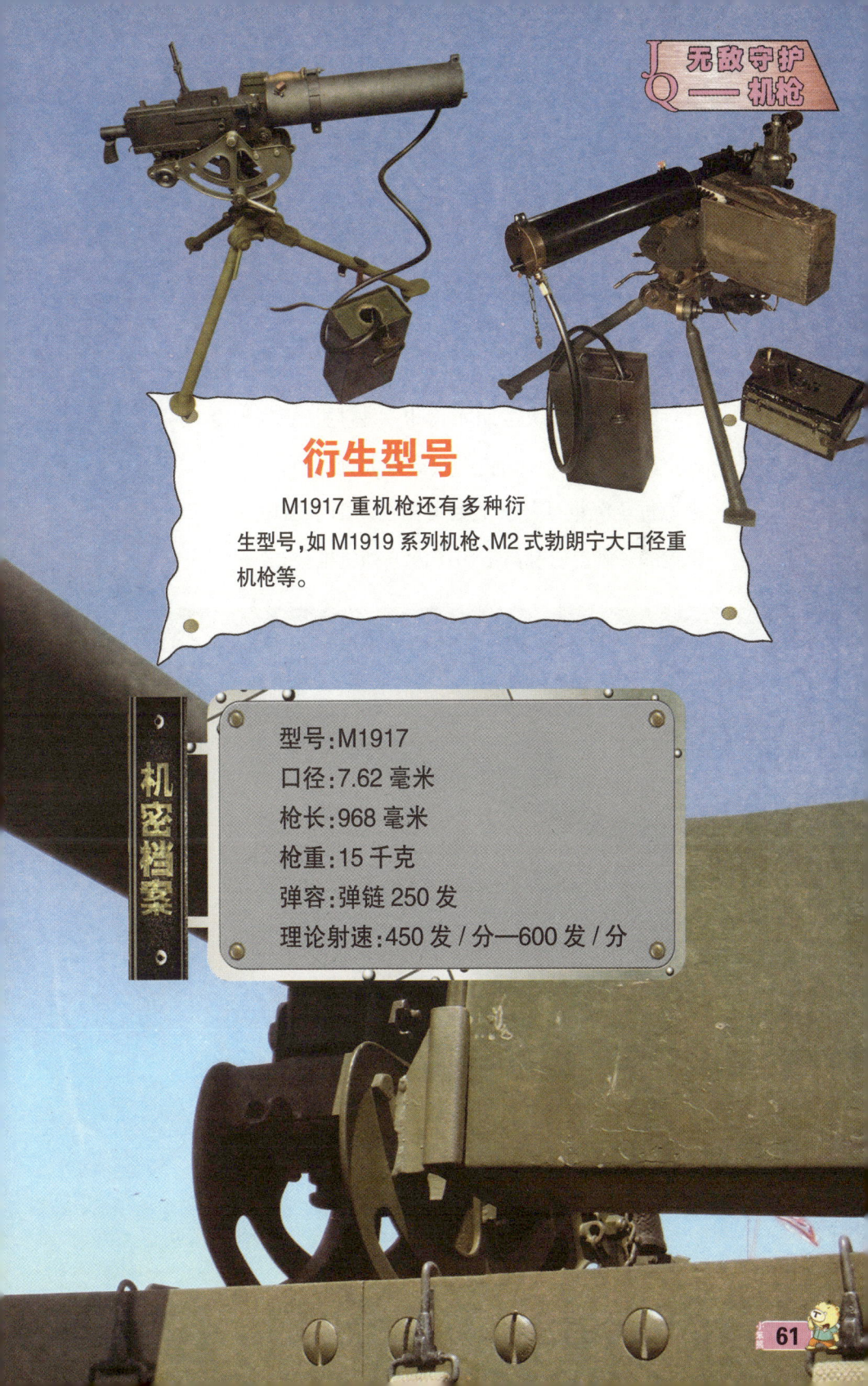

解密经典兵器

美国 M1919A4 重机枪

研制背景

第一次世界大战期间，美国军械局认识到水冷式重机枪在坦克中所占的空间太大，而且对于步兵来说过于沉重，因此，战后美国在勃朗宁 M1917 重机枪的基础上研制出了 M1919 系列机枪。

机密档案

型号：M1919A4
口径：7.62 毫米
枪长：1 044 毫米
枪重：14.06 千克
弹容：弹链 200 发
理论射速：400 发/分—500 发/分

无敌守护
——机枪

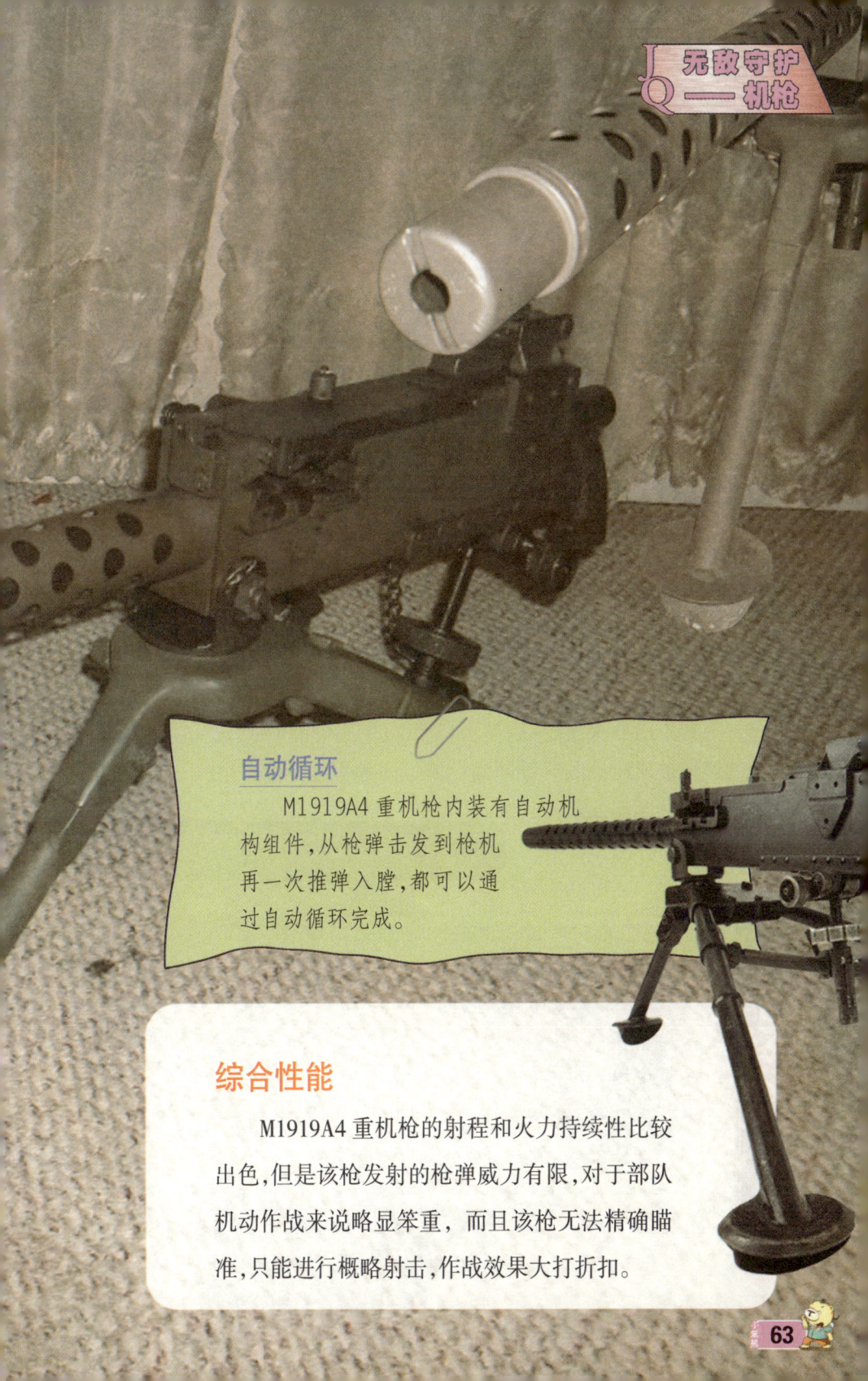

自动循环

　　M1919A4重机枪内装有自动机构组件，从枪弹击发到枪机再一次推弹入膛，都可以通过自动循环完成。

综合性能

　　M1919A4重机枪的射程和火力持续性比较出色，但是该枪发射的枪弹威力有限，对于部队机动作战来说略显笨重，而且该枪无法精确瞄准，只能进行概略射击，作战效果大打折扣。

解密经典兵器

美国 M1919A6 重机枪

工作原理

M1919A6 重机枪采用枪管短后坐式工作原理。射击时，弹头在枪管内向前运动，在膛内火药燃气压力作用下，枪管和枪机共同后坐，同时压缩枪管复进簧和枪机复进簧。当弹头飞离枪口后，闭锁卡铁离开闭锁支撑面，其两侧的销轴被机匣上的开锁斜面压下，闭锁卡铁下降并脱离枪机下的闭锁槽，枪机开锁。

机密档案

型号：M1919A6
口径：7.62 毫米
枪长：1 346 毫米
枪重：14.7 千克
弹容：弹链 250 发
理论射速：400 发/分—500 发/分

无敌守护——机枪

结构特点

M1919A6重机枪比M1919A4重机枪质量轻，同时增加了肩托、消焰器、提把和两脚架。枪口部位为喇叭状消焰器。准星和表尺位于机匣两端，准星座可折叠，瞄准基线较短。

优劣共存

M1919A6重机枪火力强大，攻击距离远，但该枪太重，不能满足战场上士兵们不断变化的需求。

解密经典兵器

美国 M2 重机枪

服役情况

M2 重机枪拥有很长的服役历史。该枪于 1921 年正式定型,并被列为美军制式装备,当时美军将其命名为 M1921 重机枪。经过不断改进,该枪于 1932 年被正式命名为 M2 重机枪。从 1921 年正式装备美军开始,M2 重机枪及其改进型号便一直服役至今。

系列机枪

M2重机枪现已逐步发展成了包括坦克机枪、高射机枪、坦克并列机枪和航空机枪在内的M2系列机枪家族。

解密经典兵器

多种用途

M2重机枪可以装备在不同的载体上，实现多用途机枪之间的转换。M2重机枪经常被用于架设火力阵地或装备在军用车辆上，以攻击敌方轻型装甲目标和正在集结的有生目标，有时也被用于低空防空。

无敌守护——机枪

性能稳定

M2重机枪发射大口径50BMG弹药,具有火力强、弹道平稳、射程极远的优点,而且,M2重机枪的后坐缓冲系统令其在全自动发射时十分稳定,命中率也较高,这让M2在车载射击的过程中能提供相对较高精度的火力。

机密档案

型号:M2

口径:12.7毫米

枪长:1 653毫米

枪重:38千克

弹容:弹链100发或200发

理论射速:450发/分—580发/分

解密经典兵器

美国 M2HB 重机枪

研制历程

第一次世界大战末期，美国开始研制 M2 重机枪，M2 重机枪于 1921 年正式定型。1933 年出现了该枪的重枪管型，即 M2HB 重机枪。

使用方式

M2HB 重机枪的使用方式主要以车载为主，只有当遇到极为特殊的情况时才单独使用，机枪的重量对作战的车船来说并不存在压力，而且该枪动作可靠，足以满足使用者的需求。

无敌守护——机枪

机密档案

型号:M2HB

口径:12.7 毫米

枪长:1 653 毫米

枪重:38.2 千克

弹容:弹链 110 发

理论射速:500 发/分

解密经典兵器

综合优势

M2HB重机枪主要通过平台搭载的方式参与战斗,其重量并不会影响搭载平台的机动性,而且该枪已经定型生产几十年,性能逐步完善、成本低廉,可作为各种装甲车辆、自行火炮、船艇、直升机等作战平台的附属武器使用。

无敌守护——机枪

科普课堂

M2HB 重机枪名称中的"HB"是"重型枪管"的英文缩写。该枪取消了原有的液压缓冲器,简化了枪体机构,将气冷式枪管的质量改为 13 千克,枪体采用枪管短后坐式自动原理、横动式闭锁机构、击针式击发机构、双程进弹及可散弹链供弹。

解密经典兵器

苏联 NSV 重机枪

研制背景

第二次世界大战时,美国著名枪械设计师勃朗宁研制了使用大口径机枪弹的 M2 重机枪,成为多数西方国家的制式武器。为了与美国的 M2 重机枪相抗衡,苏联于 20 世纪 60 年代制成了 NSV 重机枪。

机密档案

型号:NSV

口径:12.7 毫米

枪长:1 560 毫米

枪重:25 千克

弹容:弹箱 50 发

理论射速:700 发/分—800 发/分

无敌守护——机枪

独特设计

大多数机枪的闭锁方式都是通过枪机前端、后端偏转与机匣闭锁,即枪机偏转闭锁方式,而 NSV 重机枪则采用了独有的侧向偏移式闭锁方式。NSV 重机枪的枪机设计迥然不同,枪机的前、后端不是左右偏转,而是整体平行移动闭锁。虽然枪机短而轻,但 NSV 的设计中增大了机框的质量,从而确保了射击时枪体的平衡。

使用简单

NSV 重机枪每射击 1 000 发子弹需要更换一次枪管,而枪管更换方法很简单,只需拨动杠杆将机匣右侧的枪管锁拉出便可将其卸下。

解密经典兵器

苏联 SG43 重机枪

特殊设计

SG43 重机枪采用导气式自动方式和枪机偏移式闭锁机构，击发机构为"击锤"平移式，即运用枪机框上的击铁，起到"击锤"的作用，击铁再利用复进簧的能量撞击击针击发枪弹。

重要作用

SG43 重机枪主要用于杀伤集结有生目标或对付低空飞行目标，它的研制为苏联作战部队及时补充了火力。

无敌守护——机枪

机密档案

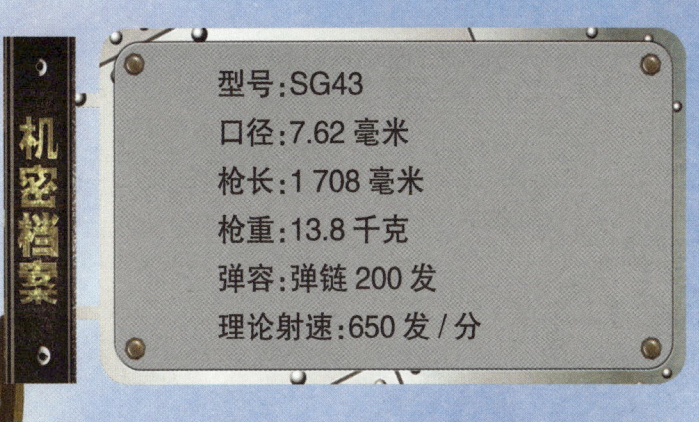

型号:SG43
口径:7.62毫米
枪长:1 708毫米
枪重:13.8千克
弹容:弹链200发
理论射速:650发/分

性能特点

　　SG43重机枪多被架设在轮子上,这样便可明显提高该枪的机动性,提高战场适应能力。SG43重机枪的供弹机构非常复杂,这是因为枪弹底缘突出,而为了使用弹链供弹,该枪不得不采取单程输弹、双程进弹的供弹方式,这造成了供弹机构复杂、维护不便的缺点。

解密经典兵器

苏联 M1910 重机枪

性能特点

M1910 重机枪的口径为 7.62 毫米，它采用了枪机短后坐式工作原理，冷却方式为气冷式，枪口部位取消了制造工艺复杂的消焰器。该枪可发射比利时兵工厂研制的 7.62×54 毫米枪弹。

实战表现

第二次世界大战期间，M1910 重机枪仍在苏联红军中广泛使用，并发挥了重要作用。在苏联与芬兰的冬季战争中，苏联士兵将 M1910 重机枪装在雪橇上，以便于在雪地环境中机动作战。

无敌守护——机枪

研制历史

M1910重机枪是马克沁机枪的衍生型号。苏日战争后期,各国都认识到了机枪的重要性,尤其苏联对机枪的研制生产给予了高度的重视,将更多的战略资源投入该领域。于是,在马克沁重机枪基础之上,苏联研制了M1910重机枪。该枪于1910年正式装备军队。

机密档案

型号:M1910
口径:7.62毫米
枪长:1 110毫米
枪重:45.3千克
弹容:弹链250发
理论射速:500发/分—600发/分

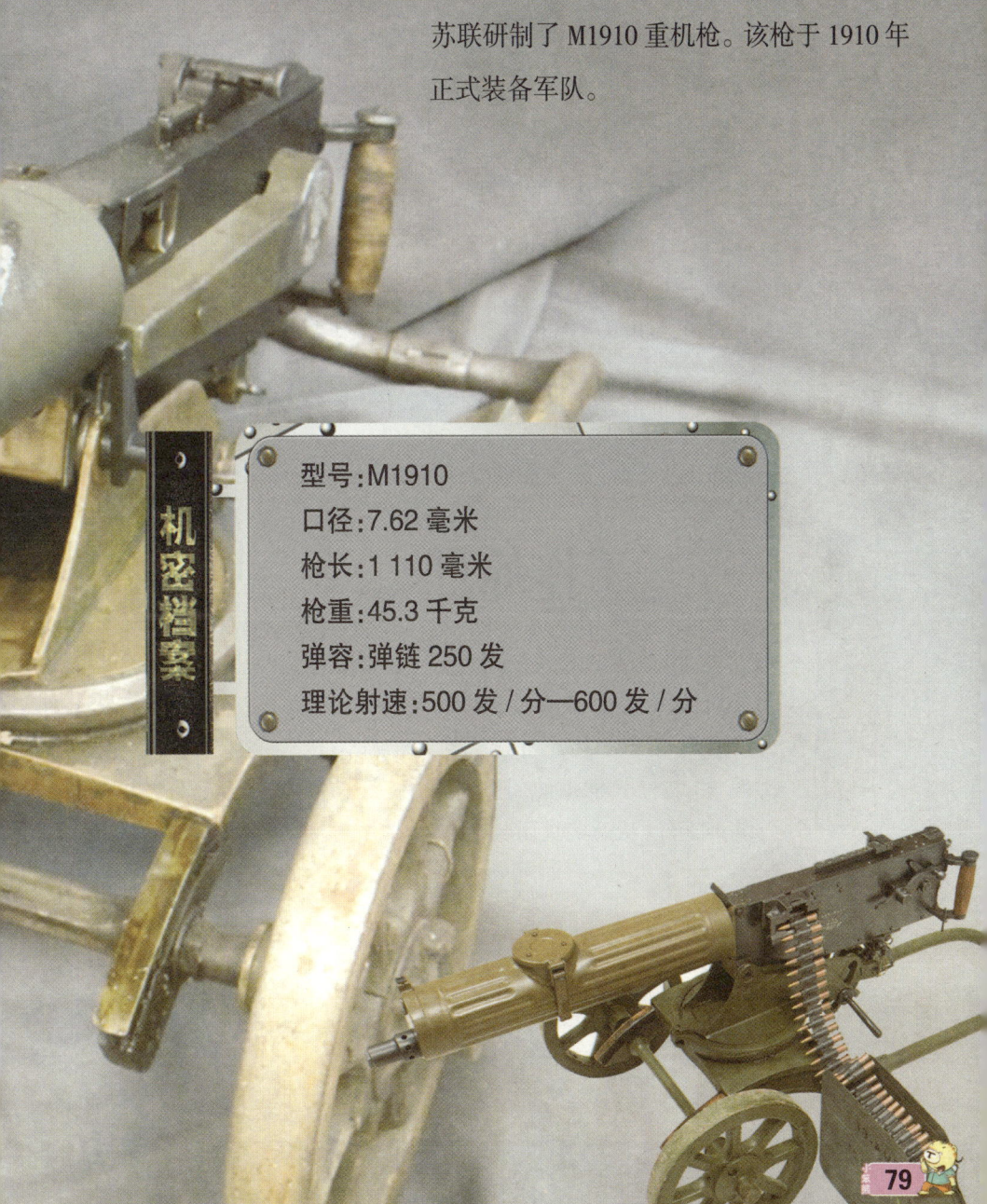

解密经典兵器

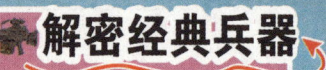

苏联 DShK 重机枪

研制背景

1925年,苏联设计了DK重机枪,以满足军队对低空防御武器的需求,但实际测试结果表明,该机枪的性能并不可靠。1938年,苏联轻武器设计师斯帕金在DK重机枪的基础上,重新设计了供弹机构。1939年,该机枪被正式采用,并被命名为DShK重机枪。

工作原理

DShK重机枪是一种弹链式供弹、导气式操作、可全自动射击的武器。该枪采用开膛待击方式,闭锁机构为枪机偏转式,依靠枪机框上的闭锁斜面,使枪机的尾部下降,从而完成闭锁动作。

无敌守护——机枪

机密档案

型号：DShK
口径：12.7毫米
枪长：1 625毫米
枪重：33.5千克
弹容：弹链50发
理论射速：600发/分

改进型号

由于转鼓式弹链供弹机结构复杂、故障率高，所以苏联对DShK重机枪进行了改进，主要是用旋转的弹链式供弹机构代替原始的套筒式动作机构，将RP-46轻机枪上的往复式供弹机构转用在DShK机枪上。改进后的新机枪于1946年被正式采用并被命名为DShKM重机枪。

解密经典兵器

法国 M1914 重机枪

研制背景

　　M1914 重机枪是法国哈奇开斯公司以 M1897 机枪为基础经改进后推出的一种武器。当年，哈奇开斯公司在 M1897 机枪的基础上开发出了一系列武器，其中的 M1914 重机枪在战场上显示出的优异战术性能使其受到法军当局的重视。

无敌守护——机枪

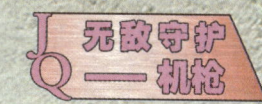

M1914重机枪结构简单，零部件数量少，威力可观，即便在恶劣环境下射击可靠性仍很好，不过该枪质量很大，是一支名副其实的"重机枪"。

机密档案

型号：M1914
口径：7.92毫米
枪长：1 270毫米
枪重：12.5千克
弹容：弹链24发
理论射速：500发/分

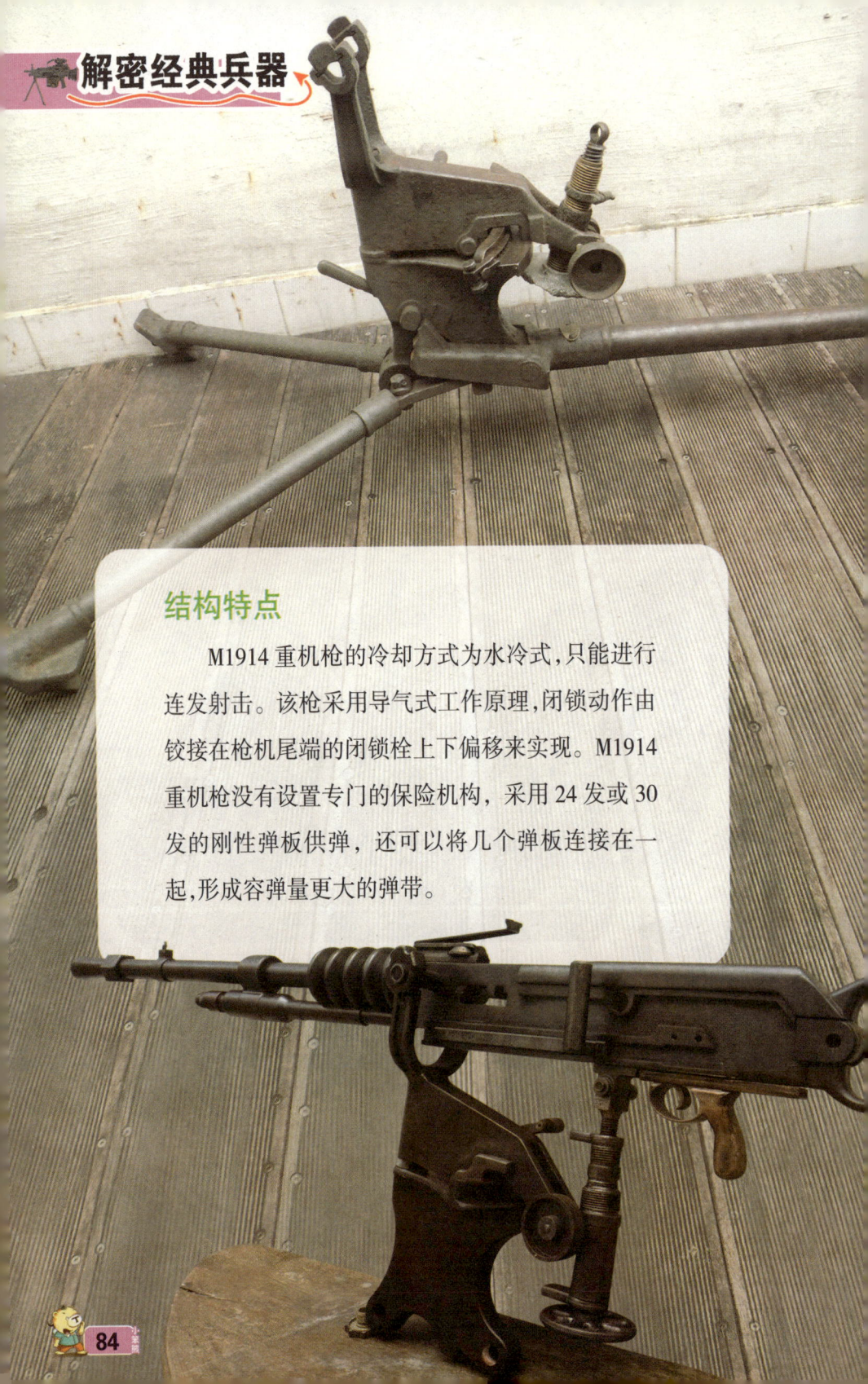

解密经典兵器

结构特点

　　M1914重机枪的冷却方式为水冷式,只能进行连发射击。该枪采用导气式工作原理,闭锁动作由铰接在枪机尾端的闭锁栓上下偏移来实现。M1914重机枪没有设置专门的保险机构,采用24发或30发的刚性弹板供弹,还可以将几个弹板连接在一起,形成容弹量更大的弹带。

第三章
通用机枪

解密经典兵器

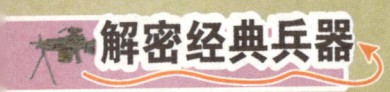

美国 M60 通用机枪

性能优秀

　　M60 通用机枪是第二次世界大战后美国制造的著名机枪，该枪因火力持久颇受美军士兵的青睐，1958 年，美军将其列为制式武器装备。M60 通用机枪自身优秀的性能和不断适应新战术环境的特点是很多机枪无法比拟的，现在许多国家仍将其列为军队主要装备。

无敌守护——机枪

机密档案

型号：M60
口径：7.62 毫米
枪长：1 150 毫米
枪重：10.5 千克
弹容：弹链 100 发
理论射速：550 发/分

轻重差异

M60 通用机枪作为轻机枪时，使用自带的折叠两脚架，作为重机枪时则安装在可折叠的 M122 三脚架上。

解密经典兵器

设计特点

　　M60 通用机枪的枪机由机体、击针、枪机滚轮、拉壳钩等组件构成。它采用导气式工作原理、弹链式供弹和枪机回转式闭锁装置，枪管可以快速更换。该枪可发射 7.62 毫米北约标准弹，由于 M60 通用机枪射速低，且采用直枪托，所以射击精度极好。

无敌守护——机枪

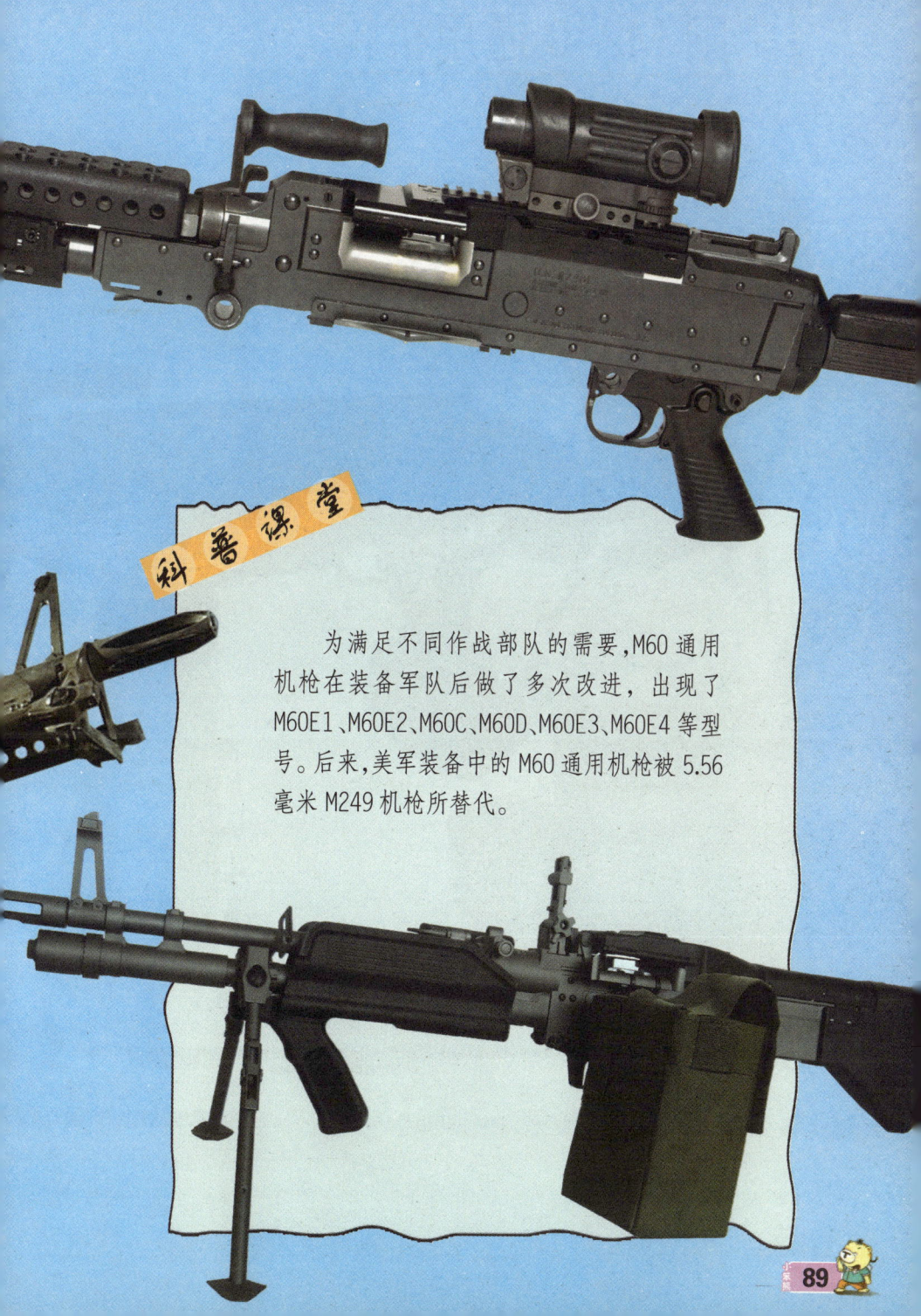

科普课堂

为满足不同作战部队的需要，M60通用机枪在装备军队后做了多次改进，出现了M60E1、M60E2、M60C、M60D、M60E3、M60E4等型号。后来，美军装备中的M60通用机枪被5.56毫米M249机枪所替代。

解密经典兵器

美国 M240 通用机枪

使用范围广

美国陆军从 20 世纪 80 年代中期开始使用 M240 通用机枪。随着美军战略调整的深入，M240 通用机枪的使用频率更高、使用范围更广，除步兵大量装备 M240 通用机枪外，各种地面车辆、船舶和战机也逐渐装备 M240 通用机枪。

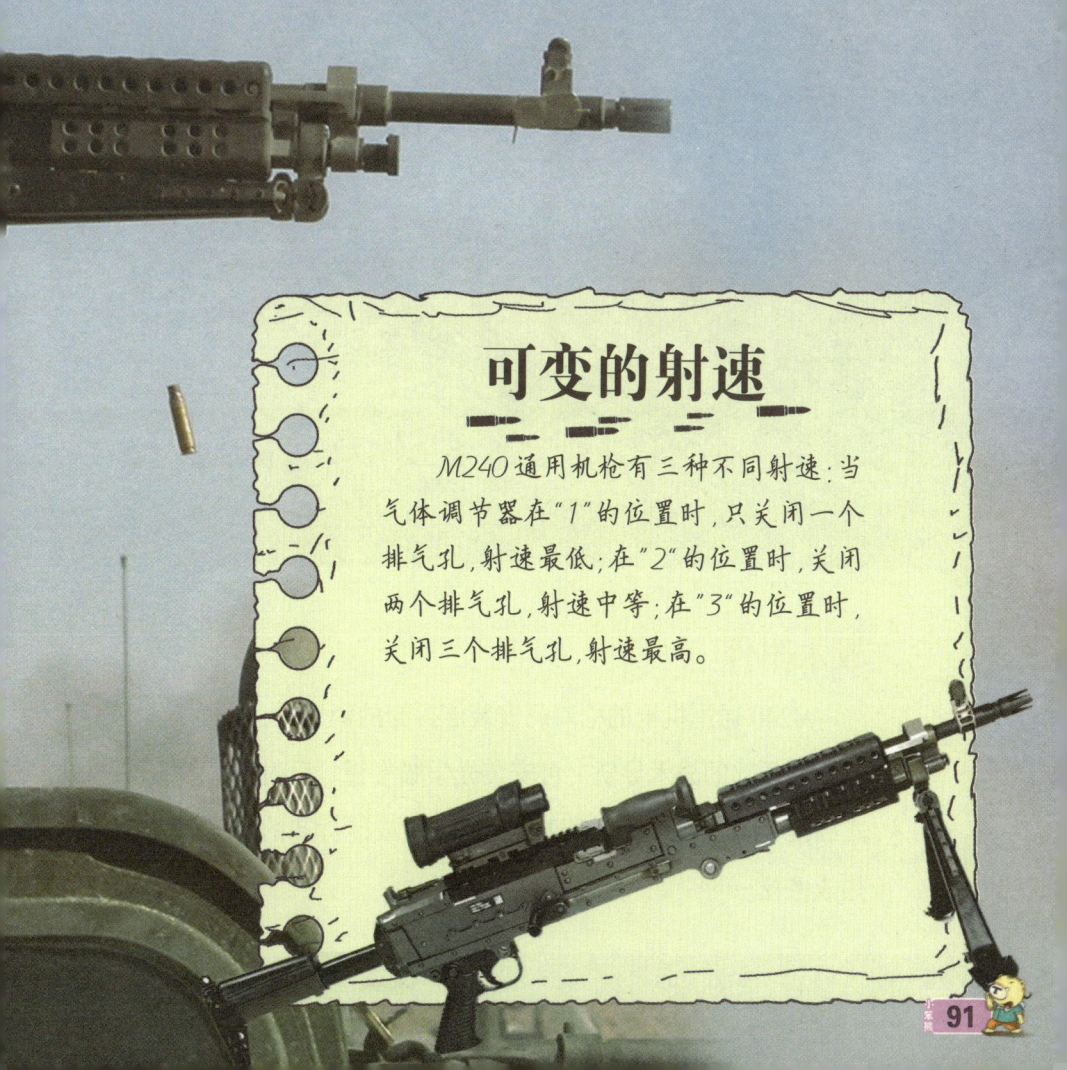

可变的射速

M240 通用机枪有三种不同射速：当气体调节器在"1"的位置时，只关闭一个排气孔，射速最低；在"2"的位置时，关闭两个排气孔，射速中等；在"3"的位置时，关闭三个排气孔，射速最高。

解密经典兵器

战术附件

M240通用机枪的枪口可安装能拆卸的消焰器，机匣盖顶部的战术导轨上可安装光学瞄准镜、反射式瞄准镜、红点镜、全息瞄准镜、夜视镜或能拆卸的热成像仪。

无敌守护——机枪

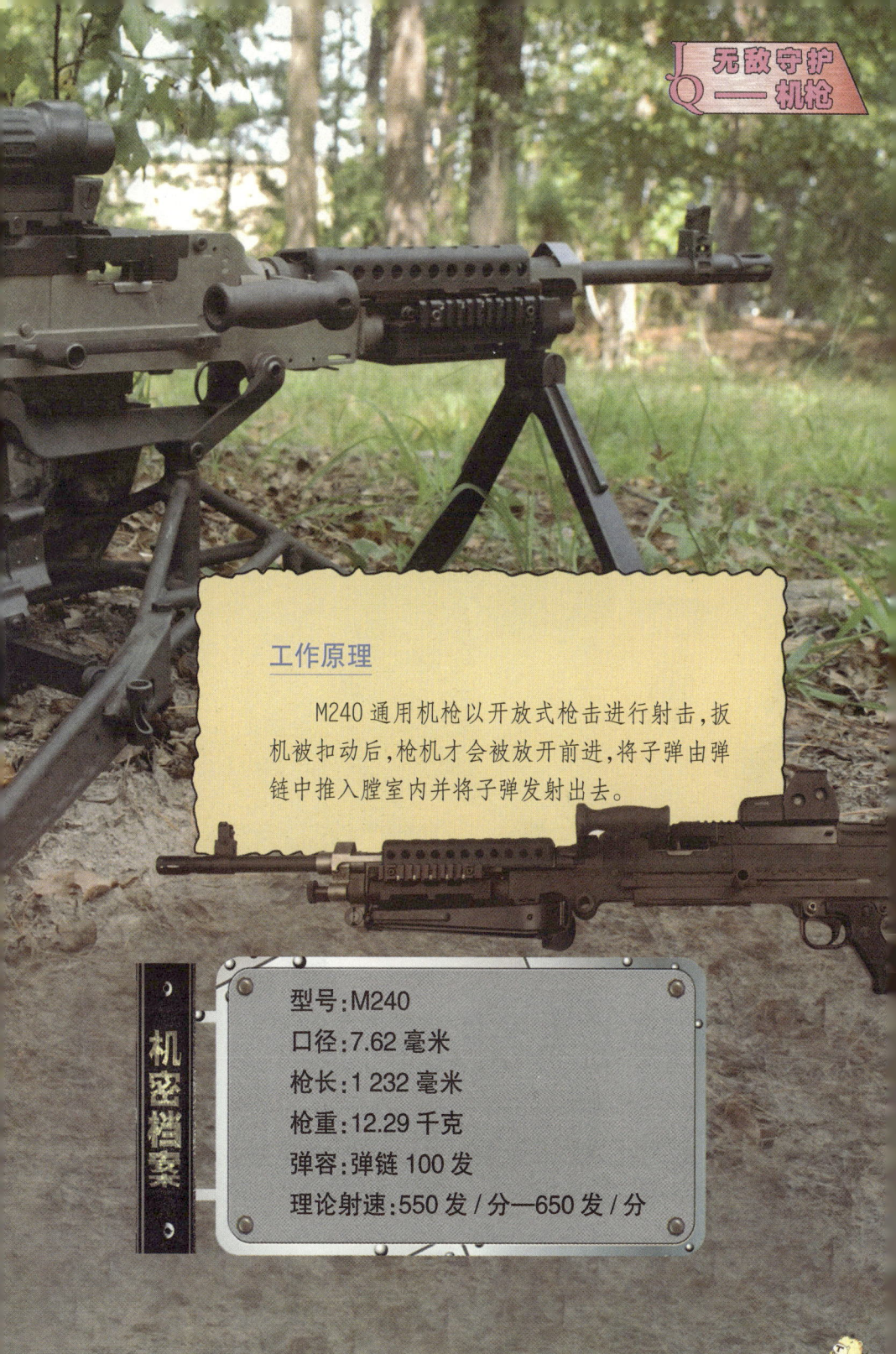

工作原理

M240通用机枪以开放式枪击进行射击,扳机被扣动后,枪机才会被放开前进,将子弹由弹链中推入膛室内并将子弹发射出去。

机密档案

型号:M240

口径:7.62毫米

枪长:1 232毫米

枪重:12.29千克

弹容:弹链100发

理论射速:550发/分—650发/分

解密经典兵器

研制背景

　　苏联 PK 系列通用机枪是卡拉斯尼柯夫于 1950 年根据 AK47 突击步枪的工作原理设计的通用机枪。该枪于 1959 年少量装备苏联军队的机械化步兵连。1969 年,卡拉斯尼柯夫又推出一款 PK 通用机枪的改进型,称为 PKM 通用机枪。

苏联 PK/PKM 系列通用机枪

多种型号

PK／PKM 系列通用机枪有四种型号：PK／PKM 是采用两脚架的轻机枪基本型；PKS／PKSM 是配用轻型三脚架的重机枪型；PKT／PKTM 是用在坦克上的并列机枪，没有握把和枪托；PKB／PKBM 是车载机枪。

解密经典兵器

折叠式两脚架

PK／PKM系列通用机枪通常采用骨架形的胶合板枪托,并且配有一个折叠式两脚架,安装在导气管上。两脚架由钢板冲压制成,长度是固定的,不可以随意调整。两脚架在射击位置时可通过弹簧定位。折叠后的两脚架由一个冲压而成的钩固定。

机密档案

型号:PKM

口径:7.62毫米

枪长:1 173毫米

枪重:9千克

弹容:弹链100发或200发

理论射速:650发/分

无敌守护——机枪

设计特点

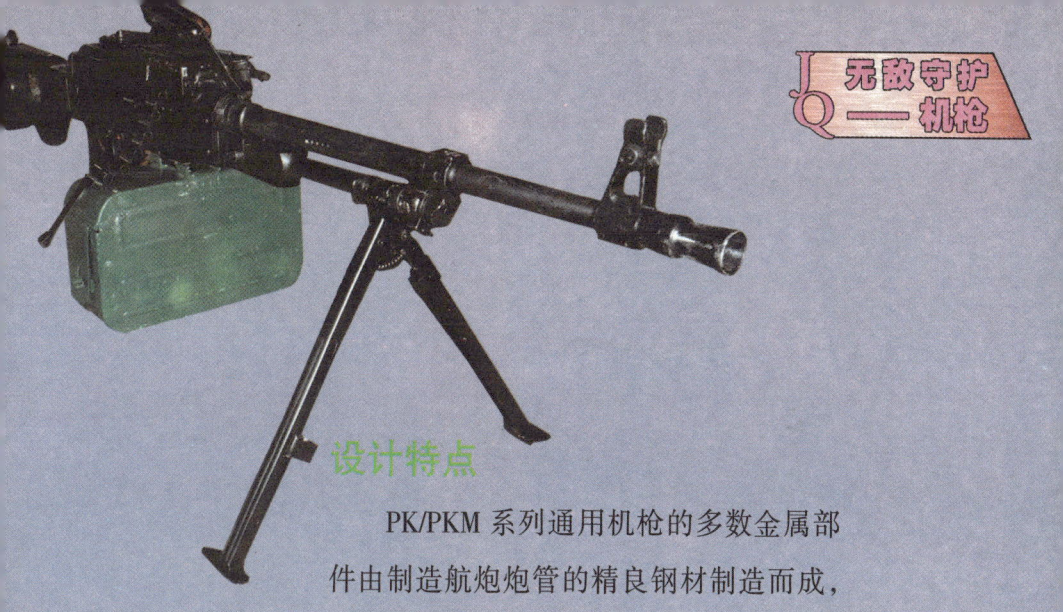

PK/PKM 系列通用机枪的多数金属部件由制造航炮炮管的精良钢材制造而成，具有很高的耐用性。它的枪管较轻，并且枪管上没有凹槽，枪托底板上设有翻转式的支肩板。

解密经典兵器

俄罗斯 PKP 通用机枪

研制背景

　　PKP 佩彻涅格通用机枪是由俄罗斯中央精密机械研究所在 PKM 通用机枪的基础上进行改进而研发出的一款新式机枪。PKP 通用机枪和 PKM 通用机枪之间有 80% 的零件是可以互换使用的。目前，PKP 通用机枪已经小批量生产并配发到部队中进行实战性的试验。

无敌守护——机枪

性能提升

PKP 通用机枪在长时间射击后枪管散热仍然正常,不像 PKM 通用机枪那样在枪管表面形成上升热气,因而不会对射手瞄准目标产生干扰。

解密经典兵器

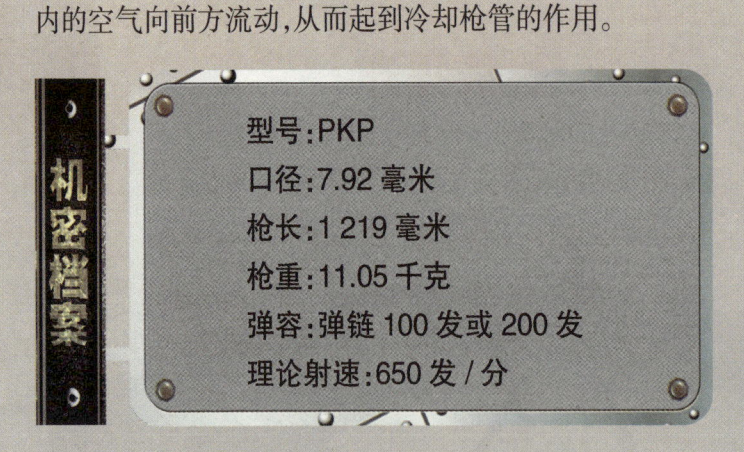

主要改进

与PKM相比，PKP最主要的改进是更换了强制气冷的新枪管，不足是无法像大多数现代通用机枪那样迅速更换枪管。新枪管表面有纵向散热开槽，并包裹有金属衬套。在射击时，枪口发出的火药气体会产生引射作用，使衬套内的空气向前方流动，从而起到冷却枪管的作用。

机密档案

型号：PKP
口径：7.92毫米
枪长：1 219毫米
枪重：11.05千克
弹容：弹链100发或200发
理论射速：650发/分

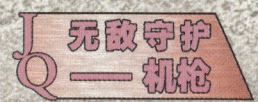

突破传统

PKP通用机枪安装在机匣顶部的固定提把和安置在枪口的两脚架要明显优于PKM通用机枪。据厂商宣传,PKP通用机枪在利用两脚架射击时,它的命中率要比PKM通用机枪高出2.5倍;如果用三脚架或车载射架,则比PKM通用机枪命中率高出1.5倍。

解密经典兵器

德国 MG34 通用机枪

多种用途

MG34通用机枪可以用弹链或者弹鼓供弹,既可作轻机枪使用,又可作重机枪使用。如果将该枪架在高射枪架上,便可以作为高射机枪使用。德国后来在MG34通用机枪的基础上又研制了多种通用机枪。

机密档案

型号:MG34
口径:7.92毫米
枪长:1 219毫米
枪重:12.1千克
弹容:弹链50发/弹鼓75发
理论射速:800发/分—900发/分

无敌守护——机枪

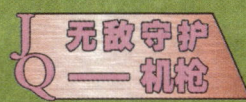

科普课堂

MG34通用机枪不仅使用大量的贵重金属，而且它的散热器、机匣和很多零件都是用整块金属切削而成的，不但材料利用率低，而且工艺复杂、加工时间长，造成了不必要的成本浪费，增加了生产成本。这也限制了MG34通用机枪的大批量生产。

衍生型号

MG34通用机枪有多种变型枪，包括MG34改进型，MG34S和MG34/41。其中，MG34改进型为车载机枪，MG34S为短枪管型。改进型机枪比原型机枪尺寸短，具有更好的缓冲效果和枪管助推作用。

解密经典兵器

德国 MG42 通用机枪

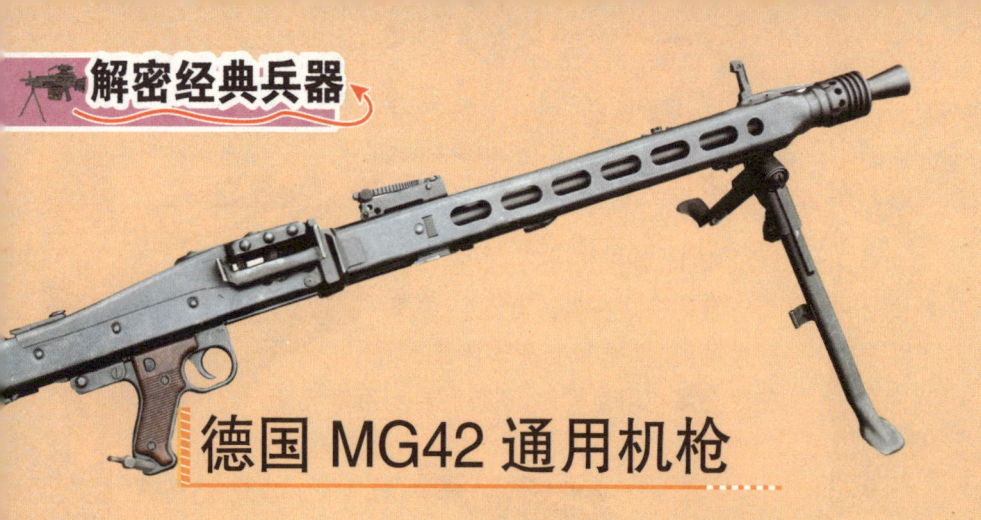

"百变机枪"

MG42 通用机枪如果配备两脚架和 75 发弹鼓,就可以作为轻机枪跟随步兵班或步兵排作战;如果使用三脚架,配备 300 发弹箱,又可以作为重机枪使用,成为步兵营或步兵连的支援武器;如果配备在装甲车或坦克上,它又变成了车载机枪。

无敌守护——机枪

MG42通用机枪的研制成功,是枪械生产技术的一次重大突破。用金属冲压工艺生产的MG42通用机枪不仅节省材料和工时,构造也更加紧凑。这对于金属资源缺乏的德国来说,无疑是非常实际的。

优劣共存

MG42通用机枪是第二次世界大战中射速最快、射程最远、杀伤力最强的机枪。它不仅性能优良,可靠性也很高。但MG42通用机枪也有弊端——它的耗弹量大,射手往往在5秒钟内就将125发子弹打光了。

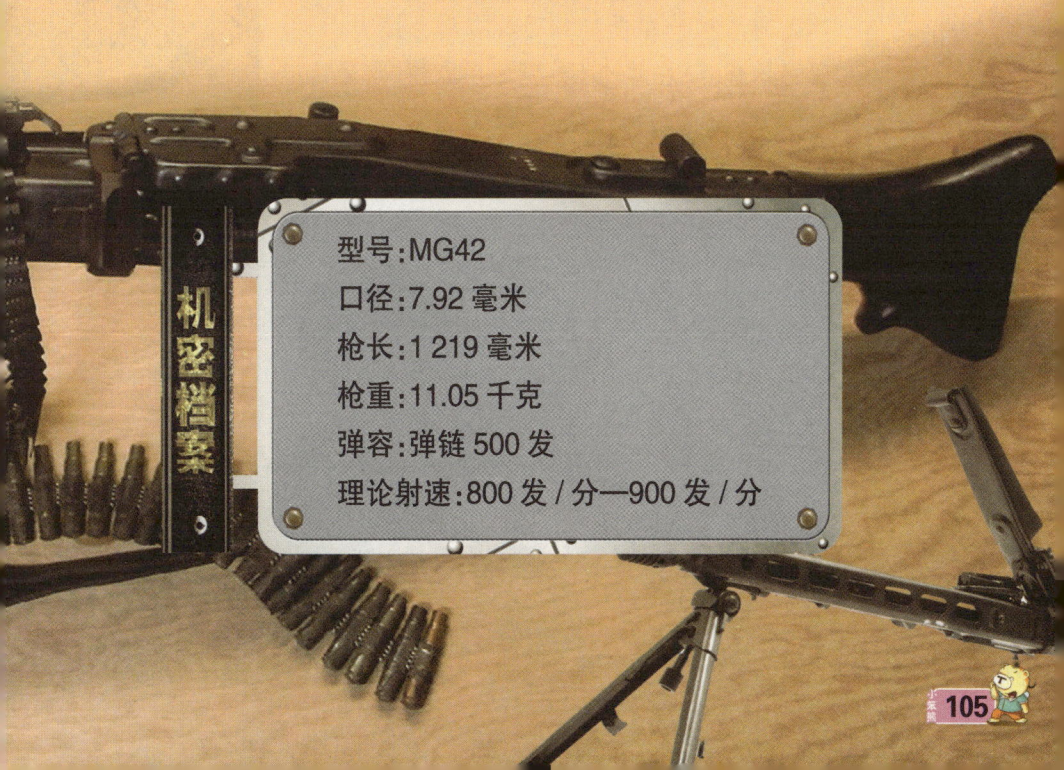

机密档案

型号:MG42
口径:7.92毫米
枪长:1 219毫米
枪重:11.05千克
弹容:弹链500发
理论射速:800发/分—900发/分

解密经典兵器

供弹方式

MG3通用机枪采用弹链供弹、双程输弹、单程供弹,既可平射,也可高射。

优点

MG3通用机枪在性能方面具有火力强大、动作可靠的优点;在结构上广泛采用点焊、点铆工艺,机枪部件多为冲压件,生产工艺简单,成本较低,便于批量生产。

无敌守护——机枪

德国 MG3 通用机枪

研制背景

MG3 通用机枪的前身是 MG42 通用机枪,由德国莱茵金属有限公司于 1959 年开始生产,并于 1968 年进行改进后正式定名为 MG3 通用机枪,同时正式列装军队。

机密档案

型号:MG3

口径:7.62 毫米

枪长:1 255 毫米

枪重:11.05 千克

弹容:弹链 100 发或 200 发

理论射速:700 发/分—1 300 发/分

解密经典兵器

德国 HK21 通用机枪

工作原理

在向 HK21 通用机枪的供弹机内装入可散弹链时，须将弹链的抱弹口位置向上装入，向后拉动拉机柄使首发子弹卡入子弹定位槽中，然后向前释放拉机柄，枪机复进，推动子弹进入弹膛。

瞄准装置

HK21 通用机枪采用机械瞄准具，由带护圈的柱形准星和觇孔式照门组成。照门的高低和风偏都可以调整，表尺射程为 100 米—1 200 米，每 100 米为一挡。该枪也可配用高射瞄准镜、望远式瞄准镜或夜视仪。

无敌守护——机枪

机密档案

型号：HK21
口径：7.62 毫米
枪长：1 021 毫米
枪重：7.92 千克
弹容：弹链 100 发
理论射速：900 发 / 分

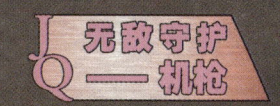

多用途机枪

　　HK21 通用机枪是一种轻重两用机枪，供弹方式为弹链式供弹，也可以通过安装弹匣适配器使用步枪弹匣。当该枪配备两脚架时，可作为轻机枪使用。两脚架可安装在供弹机前方或枪管护筒前端两个位置。

解密经典兵器

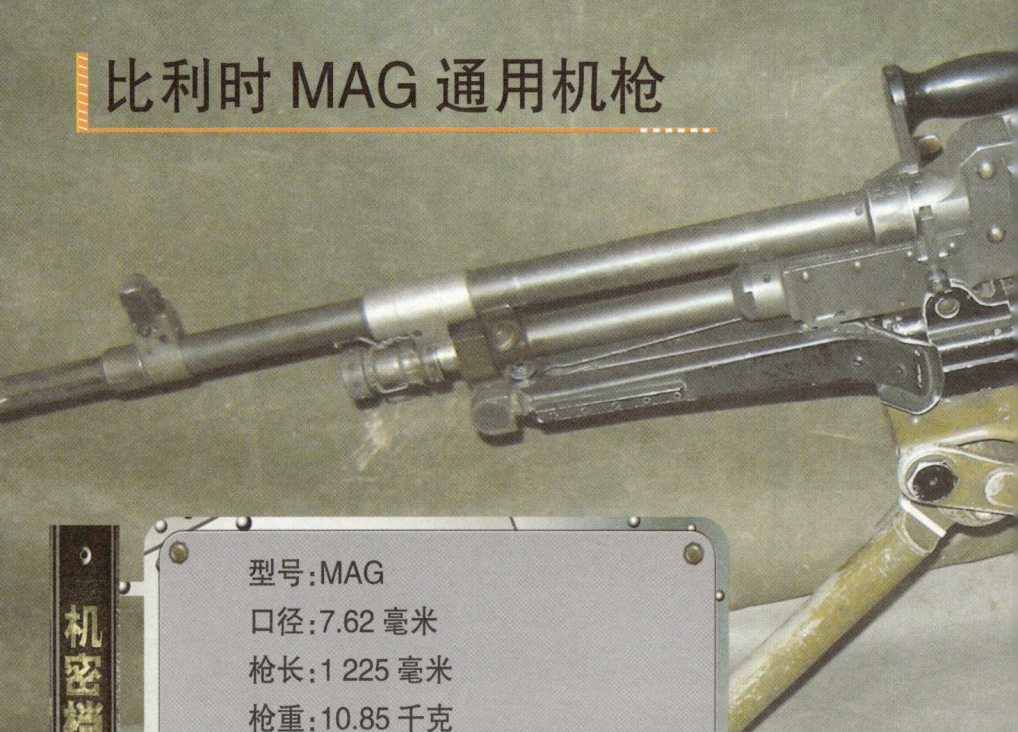

比利时 MAG 通用机枪

机密档案

型号：MAG
口径：7.62 毫米
枪长：1 225 毫米
枪重：10.85 千克
弹容：弹链 100 发
理论射速：800 发/分

结构特点

　　MAG 通用机枪采用导气式工作原理和闭锁杆起落式闭锁机构。该枪的自动机以勃朗宁 M1918 式 7.62 毫米口径自动步枪为原型，并进行了一定的改动。MAG 通用机枪机匣为长方形冲铆件，与枪管节套螺接在一起，当遇到紧急情况时可迅速更换枪管。

无敌守护——机枪

深受喜爱

MAG通用机枪汲取了多种枪械的精华,在设计上取得了巨大的成就,该枪战术用途广泛、结构坚固、动作可靠,因此受到各国军队的喜爱。

性能特点

MAG通用机枪采用排气式气体调节器,射速可在600发/分—1000发/分的范围内进行调节。MAG通用机枪既可配用两脚架,也可在需要时配用三脚架式高射架。

图书在版编目(CIP)数据

无敌守护：机枪 / 崔钟雷主编. -- 长春：吉林美术出版社，2013.9（2022.9重印）
（解密经典兵器）
ISBN 978-7-5386-7897-0

Ⅰ. ①无… Ⅱ. ①崔… Ⅲ. ①枪械 –世界 –儿童读物 Ⅳ. ①E922.1–49

中国版本图书馆 CIP 数据核字（2013）第 225143 号

无敌守护：机枪
WUDI SHOUHU: JIQIANG

主　　编	崔钟雷
副 主 编	王丽萍　张文光　翟羽朦
出 版 人	赵国强
责任编辑	栾　云
开　　本	889mm×1194mm　1/16
字　　数	100 千字
印　　张	7
版　　次	2013 年 9 月第 1 版
印　　次	2022 年 9 月第 3 次印刷

出版发行	吉林美术出版社
地　　址	长春市净月开发区福祉大路5788号
	邮编：130118
网　　址	www.jlmspress.com
印　　刷	北京一鑫印务有限责任公司

ISBN 978-7-5386-7897-0　　定价：38.00 元